中国大陆海岸线变迁分析与评价

张　云　宋德瑞　赵建华 等　著

科 学 出 版 社

北　京

内 容 简 介

本书是一部关于我国大陆海岸线时空变迁分析与评价研究的专著，侧重于海岸线动态变迁过程的基础性研究，以反映其变迁规律及影响机理。全书分为理论、技术和实践三篇：理论篇为第 1～4 章，从海岸带保护与开发利用的背景出发，分析我国海岸带开发与管理的现状及影响因素，梳理现行政策及管理措施，并提出海岸线保护和利用的防控建议；技术篇为第 5～9 章，以遥感监测技术手段为主，探索海岸线遥感解译与分类的方法，综合分析与评价海岸线时空演变趋势；实践篇为第 10 章，以环渤海地区为实例，从海域开发利用角度出发，探究海岸线综合利用时间格局特征，并基于适宜性评价结果，提出分区管制的发展对策与管理建议。

本书可作为区域发展、城市发展规划与管理、海域使用管理、城市人居环境、城市生态环境等领域研究人员的理论参考书，也适合高等院校城市规划、地理学、生态学等相关专业师生阅读与参考。

图书在版编目(CIP)数据

中国大陆海岸线变迁分析与评价/张云等著. —北京：科学出版社，2019.11

ISBN 978-7-03-062716-2

Ⅰ. ①中…　Ⅱ. ①张…　Ⅲ. ①大陆－海岸线－海岸变迁－研究－中国　Ⅳ. ①P737.172

中国版本图书馆 CIP 数据核字（2019）第 242189 号

责任编辑：张　震　孟莹莹　常友丽 / 责任校对：彭珍珍
责任印制：吴兆东 / 封面设计：无极书装

科 学 出 版 社 出版
北京东黄城根北街 16 号
邮政编码：100717
http://www.sciencep.com

北京虎彩文化传播有限公司 印刷

科学出版社发行　各地新华书店经销

*

2019 年 11 月第　一　版　开本：720×1000　1/16
2022 年　1　月第三次印刷　印张：11
字数：220 000

定价：99.00 元

（如有印装质量问题，我社负责调换）

作 者 名 单

张　云　宋德瑞　赵建华
马红伟　张建丽　景昕蒂　吴　彤

前　言

海岸带地处海陆之交，凭借其自身丰富的自然资源和优越的地理位置成为人类竞争和开发的重要区域，同时又由于受到强烈的海陆作用，是全球自然环境和生态较为复杂和脆弱的地域之一。随着海洋经济的迅速发展，在自然和人类的双重影响下，我国海岸线不断发生变化，海岸带原有的稳定状态受到破坏。因此，对海岸线变化进行动态监测对于研究海岸带生态环境变化、促进我国海岸带资源的可持续发展具有重要意义。

我国海岸线曲折漫长，岸线类型丰富，为沿海城市、工业和码头的建设提供了依托，为经济发展提供了物质保障。近几十年来，人类对海岸带的无序、粗放式开发导致了诸多问题。如填海造地活动使我国自然岸线比例不断降低；过度利用海岸，使原本弯曲的海岸线被“拉直”，大大减少海岸线长度；无序围海养殖致使周边生态环境恶化等。研究我国海岸线变迁情况及影响因素，全面掌握海岸带开发利用现状，能为海洋综合管理与决策支持提供有力的依据。

本书是对作者多年来的海域空间资源动态监测研究工作的凝练与总结。全书分三篇共十章，以遥感监测技术为基础，采取统一处理标准、统一提取标准和统一分类标准，建立了一套包含海岸线资源现状与影响因素分析、海岸线定义与分类、遥感解译特征库、海岸线变迁分析与评价、资源脆弱性及可利用潜力、未来变化趋势等研究内容的理论与技术方法体系，并选取环渤海地区开展了研究理论与技术方法的实践应用，以提高各技术方法的适用性，也为相关海域空间资源遥感监测与评价业务工作提供了技术案例，以便各技术方法的业务化推广与应用；同时，为海岸带综合规划治理、岸线资源可持续发展和沿海地区社会经济发展提供基础资料支撑。

全书具体分工如下：第 1 章，张云、张建丽；第 2 章，马红伟、景昕蒂、吴彤；第 3 章，张云、张建丽、宋德瑞；第 4 章，赵建华、宋德瑞、张云；第 5 章，张云、赵建华、景昕蒂；第 6 章，张云、张建丽、景昕蒂；第 7 章，张云、吴彤、宋德瑞；第 8 章，张云、张建丽、赵建华；第 9 章，张建丽、景昕蒂、吴彤；第 10 章，张云、吴彤、赵建华。全书由张云、宋德瑞、赵建华通纂和定稿。

由于本书研究内容涉及面较广，一些分析评价方法尚待实践工作中进一步检验，不足之处在所难免，诚恳希望得到各位同行和广大读者的批评和指正。

张　云

2018 年 8 月于大连

国家海洋环境监测中心

目　　录

二、技　术　篇

三、实 践 篇

一、理　论　篇

从海岸带保护与开发利用的背景出发，分析我国海岸带开发与管理的现状，以及影响海岸线变化的自然和人为因素，梳理现行政策及管理措施，并提出海岸线保护和利用的防控建议。

第1章　绪　　论

21世纪是开发海洋、利用海洋的新时代，海洋承载了人类未来生存与发展的希望，如何让海洋与人类社会共同发展是当前必须解决的重大问题。

海岸带是海洋与陆地交接的特殊地带，有着特殊的地理位置和丰富的自然资源，是人类赖以生存和发展的重要场所，也是海洋水动力作用强烈的地带，具有人口密集、产业发达、经济活跃等区位优势，作为陆海产业互动发展的空间载体，既承载着沿海经济产业转型和升级的重任，又肩负着海洋经济开发的历史使命。海岸带资源是自然资源的重要组成部分，是我国社会经济发展的重要物质基础。海岸带丰富的自然资源是海岸带产业发展的重要基础。中国沿海地区集中了全国70%以上的大城市，沿海省区以13%的国土面积[1]承载40.62%以上的人口，创造了约57.6%的国民生产总值，承担了78.4%的进出口贸易总额，是国民经济发展的前沿阵地，海岸线更是海洋经济发展的“生命线”“黄金线”[2]。

海岸线是重要的国土资源，不仅标识了沿海地区的水陆分界线，同时蕴含着丰富的环境信息。在历史的长河中，海岸线长度与形态不断地发生着变化，这种变化不论对地区社会经济、空间资源、生态环境还是人类生存都具有重大影响。

我国海岸线类型丰富，拥有基岩岸线、砂砾质岸线、泥质岸线、砂质岸线和生物岸线等自然岸线类型。随着我国社会经济的不断发展，城市化和工业化对海域资源索取加重，海岸线开发利用强度不断增加，据国家海洋局相关数据统计，1990～2015年，距海岸线1km范围内海域被开发占用面积已经超过80%[3]。海岸线资源开发，为沿海地区经济建设和人口增长提供了发展和生存空间的同时，也带来了生态退化、环境恶化、资源衰退等问题。研究不同时期大陆海岸线开发强度的变化趋势，控制自然岸线减少量，具有重要的意义。

1.1 海岸带区域现状

1.1.1 海岸带区域生态系统脆弱与敏感

海岸带地处海陆之交，凭借其自身丰富的自然资源和优越的地理位置成为人类竞争和开发的重要区域，同时又由于受到强烈的海陆作用，是全球自然环境和生态较为复杂和脆弱的地域之一[4]。随着海洋经济的迅速发展，在自然和人类的双重影响下，我国海岸线不断发生变化，破坏了海岸带原有的稳定状态，这种稳定状态一旦被破坏，恢复起来极为困难。

海岸带地区的环境污染问题极为严重，人为过程和自然过程产生的废弃物绝大部分要随着河流归于大海，可以说海洋污染物的80%以上来自陆源，而且海洋污染总负荷一般集中在占海洋面积1‰的海岸带地区。

我国海岸线曲折漫长，岸线类型丰富，为沿海城市、工业和码头的建设提供了依托，为经济发展提供了物质保障。近几十年来，人类对海岸带的无序、粗放式开发导致了诸多问题。如填海造地活动使我国自然岸线比例不断降低；过度利用海岸，使原本弯曲的海岸线被“拉直”，大大减少海岸线长度；无序围海养殖致使周边生态环境恶化等。

1.1.2 围填海对海岸带生态环境的影响

我国围填海活动起源较早，最早始于汉代，唐、宋时期在江苏、浙江沿海开始大规模围填海，明、清两代也有不少围填海的记载。中国古代围填海的主要用途是防灾、农垦或晒盐。20世纪50年代以来，中国先后出现了四次围填海高潮：第一次是中华人民共和国成立初期的围海晒盐，这一阶段的围填海主要以顺岸围割为主，围填海的环境效应主要表现在加速了岸滩的促淤；第二次是20世纪60年代中期至70年代的围海造田，围垦范围已从单一的高潮带海涂扩展到中低潮带，形成了一大批农业土地，围填海的环境效应主要表现在大面积的近岸滩涂消失；第三次是20世纪80年代中后期到90年代中期的围海养殖，围垦范围集中在低潮滩和近岸海域，使我国成为世界第一养殖大国，围海养殖的环境效应主要表现在大量的人工增殖使得水体富营养化突出；进入21世纪以来，中国掀起了第四次填海造地高潮，围填海成为缓解土地缺口的重要途径，用途也从以盐业、农业、渔业为主，转变为以港口物流、临海工业、城镇建设为主。

在一定历史时期，围填海确实给沿海缺地国家和地区带来了更多的发展机遇，如发展农业、提供大量城市用地、保证港口陆域用地、创造巨额财政收入及经营利润、美化城市等。但随着人类对自然认知能力的提高，一些大规模围填海引发的严重生态问题逐渐浮出水面，如纳潮量减小造成自净能力减弱，海洋经济鱼、虾、蟹、贝类的生息、繁衍场所消失，近岸海域生态系统被破坏等。

遥感监测表明，“十一五”和“十二五”期间，我国围填海面积分别为11.09万hm^2和7.71万hm^2，数量明显降低，降低幅度超过25%。近年来，以围填海造地方式在距海岸线1km范围内发展各类工业园区、临海产业区，布置核电、重化工和储油储气基地等大型工程在我国沿海随处可见，海洋灾害风险增大，如2013年11月22日青岛市黄岛区海岸输油管道爆炸，不但导致重大人员伤亡，而且泄漏燃油排入海洋形成上万平方米的海域环境污染，海洋生态损害严重。

1.1.3 海洋灾害威胁人类生存环境安全

随着我国沿海人口的不断集聚，敏感和脆弱的生态环境开始被破坏，基础设施更新不足，人类生存环境安全问题越来越被重视。人类生存环境安全是指现代化进程以安全为准则的人类生存环境发展和建设思路，与城市化发展的良性互动是实现城市可持续发展的必然要求，也是新型城镇化建设的基础[5,6]。

海洋是人类生存发展的蓝色空间，是地球气候的调节器，担负着改善环境的重任，海洋的自然属性与人类的生存息息相关。海陆热力性质差异以及海洋特殊的下垫面，影响全球的气候分布。具体来说，海洋因较高的比热容，能吸收到达下垫面太阳辐射的4/5[7]，同时可释放氧气，也为陆地降雨量的主要来源，可调节全球的气候。

经过漫长的时代变迁，经济和科技的不断发展，人类对海洋的认识和探索进一步深入，人类改造自然的能力也逐渐增强，对海洋的开发和利用也达到了历史上从未有过的程度，城市化和工业化对海洋空间资源、生物资源、海水资源、海洋能源、矿产资源等高强度索取。人类过度重视海洋资源的经济价值和海洋空间的地位，却忽略了其对环境价值、生态价值、居住环境、社会需求和公众感知危害的重要性。

海洋灾害对人类生存环境安全造成巨大的影响。在我国，风暴潮、赤潮和巨大海浪灾害发生的次数较多，且危害和经济损失较高。随着海洋经济的快速发展，人类对海岸带的开发活动迅猛增长，以及全球气候变暖，都会导致海洋灾害的加剧，引发海平面上升、海水入侵、海洋环境污染、渔业资源衰退、滨海湿地锐减等灾害，严重威胁人类生存环境的安全。

海洋的开发与利用带来了巨大经济效益和生存空间，但是大规模填海造地和沿海工业的无序扩建，特别是沿海石化产业的建设，给城市生存环境带来负面的影响，比如海水环境质量污染加剧，海水倒灌日趋严重，海湾、沙滩、湿地和重点海岸地质景观资源破坏或减少，重大污染海洋产业对人类生存环境的威胁等，这些都将造成城市人居环境质量的下降，影响生态宜居型城市的建设与发展。海洋是21世纪人类生存和社会经济发展的主要拓展空间，海陆交接的海岸线承担着经济增加、社会发展、城市化进程的重要作用，其自然属性的改变，也将影响未来滨海城市居住环境的可持续发展。

1.1.4 陆海统筹是国家发展的战略方针

陆海统筹发展问题自十八大召开以来在多个文件中都有所提及，是当前学界和有关政府部门非常关注的领域。所谓陆海统筹，是指从陆海兼备的国情出发，在进一步优化提升陆域国土开发的基础上，以提升海洋在国家发展全局中的战略地位和陆海国土战略地位的平等为前提，以倚陆向海、加快海洋开发进程为导向，以协调陆海关系、促进陆海一体化发展为路径，以推进海洋强国建设、实现海洋文明、构建大陆文明与海洋文明相容并济的可持续发展格局为目标，国家所实施的一系列战略方针和政策的综合。

进入21世纪以来，陆海关系逐渐变得复杂，全球资源紧缺、人口膨胀、环境恶化问题日益严重，陆域经济的发展受到限制，海洋经济越来越受到重视，海洋产业体系逐渐拓展。通过对海洋产业、海洋经济、海洋环境污染、生态破坏等的深层次分析来看，只是单纯制定海上的规划与防护措施是无法解决问题的，必须实施陆上与海上的双层次治理与防护，实施陆海联动、统筹规划的方式，才能根本有效地解决海洋环境污染与生态破坏的问题。

陆海统筹作为一种重要的发展理念，是国家对陆地和海洋发展的统一筹划，统一谋划海洋与陆地国土空间，宏观、中观和微观层次相结合，突出国家层面的陆海国土宏观发展格局的构建、沿海地带层面的空间发展格局的塑造、海岸带资源开发和产业布局的优化以及海域开发布局的调整。

1.1.5 “多规合一”实现空间规划一张蓝图

据统计，我国经法律授权编制的空间资源规划至少有80多种[8]。但由于规划编制部门分治，国民经济和社会发展规划、城乡规划、土地利用规划、环境保护规划以及其他各类规划之间内容重叠交叉甚至冲突和矛盾的现象较为突出，不仅浪费了规划资源，而且导致资源配置在空间上缺乏统筹和协调。

“多规合一”是指推动国民经济和社会发展规划、城乡规划、土地利用规划、生态环境保护规划等多个规划相融合，整合到一张可以明确边界线的市县域图上，实现一个市县一本规划、一张蓝图。“多规合一”是中央全面深化改革的一项重要任务，早在“十五”期间就已经开始探索，各种规划间相互协调的要求逐步提高。2014年，国家发展和改革委员会、国土资源部、住房和城乡建设部和环境保护部联合下发《关于开展市县“多规合一”试点工作的通知》，在28个市县推行试点，探索“多规合一”的路径和经验。2015年，中央城市工作会议提出，以主体功能区划为基础，统筹各类空间性规划，推进“多规合一”。

“多规合一”的基础工作就是要全面掌握现有各级各类规划的数量、效力与实施情况等信息，全面掌握各个规划的目标设置、空间布局与任务举措等内容，为建立新的规划体系提供有效支撑[9]。推进“多规合一”是经济社会深入变革过程中的现实需求，不仅有利于提高政府治理能力，还有利于提升经济社会发展效率，实现科学协调发展。

1.2 目的与意义

1. 海岸线变迁研究目的

以海岸带开发活动为出发点，探讨海岸带开发与管理现状，通过分析这个复杂特殊区域内的自然生态系统、人类系统、社会系统、产业经济系统等之间的关系，提出陆海综合体的理念框架；统筹分析陆海多种规划，结合海岸线开发利用现状，构建海岸线综合利用适宜性评价指标体系及分类；运用地理信息系统（geographic information system，GIS）空间分析技术，分析海岸线综合利用格局特征，为陆海统筹一体化规划和可持续发展提供合理的优化建议。

2. 海岸线变迁研究意义

在海岸带开发需求日益增长的形式下，合理开发资源、规范陆海开发活动、维护海岸带开发与人类生存环境协调发展的关系是刻不容缓的任务，统筹陆海多种规划，分析海岸线综合利用格局，为统筹沿海经济社会发展用海、科学规划填海造地建设用海提供一定的实证建议。

1.3 技术框架及方法

1.3.1 研究技术框架

依据系统科学的基本研究思路，以陆海统筹思想为指导，围绕生态环境与社会经济构建陆海综合体的理念框架；采用“多规合一”理论方法，归纳总结各类陆海规划的关联关系，结合海岸线开发利用现状，构建海岸线综合利用适宜性评价指标体系及分类；利用GIS空间分析技术，对渤海海岸线进行实证研究，提出海岸线可持续开发利用的建议。研究技术框架如图1-1所示。

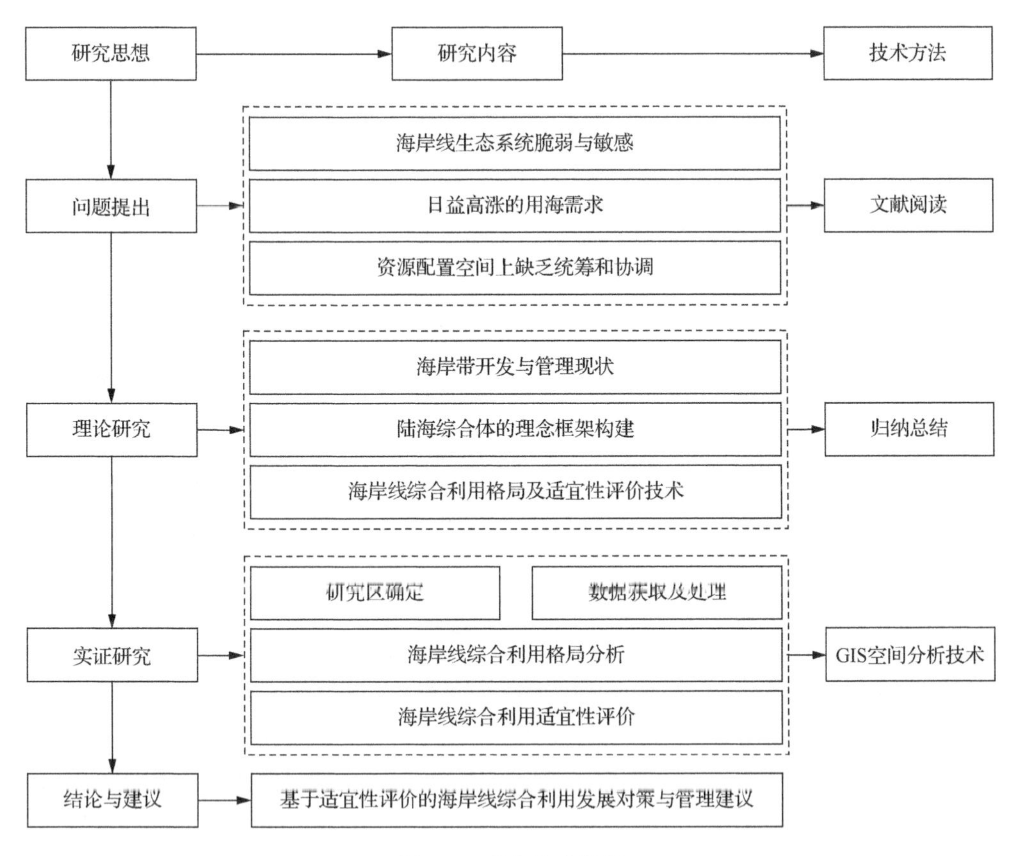

图 1-1　研究技术框架

1.3.2　研究方法

根据研究的内容和目的，采用文献研究法和统计分析法相结合，对搜集到的大量资料进行归纳总结、统计分析、综合比较等，系统科学地研究海岸线开发利用现状，并采用 GIS 空间分析技术，研究渤海海岸线综合利用格局。

1. 文献研究法

文献研究法是根据确立的研究内容和目的，通过搜集、整理、分析、归纳总结大量文献的研究，形成对问题事实的科学认识，进而全面、正确地了解和掌握所要研究问题的一种方法。其作用如下：能了解有关问题的历史和现状，帮助确定研究课题；能形成关于研究对象的一般印象，有助于观察和访问；能得到现实资料的比较资料；有助于了解事物的全貌。

本书中文献资料的调查搜集主要是以公开发表或出版的统计年鉴、管理公报、发展报告、环境状况公报等为资料来源。文献资料搜集的内容涉及经济、社会、海洋、地理、文化以及生态环境等各方面，力求尽可能广泛且全面地涵盖海洋开发的内容。

2. 统计分析法

统计分析法是通过对研究对象的各类属性数据关系进行分析研究，认识和揭示研究对象内部和外部的相互关系、变化规律和发展趋势，形成定性与定量的结论，进而达到对研究对象的真实、正确解释的一种研究方法。

本书研究中，资料的统计分析采用了海洋开发与海洋经济发展的定性分析，通过定性与定量的结果，分析海岸线开发利用现状。

3. 空间分析法

空间分析法是基于空间与非空间属性数据的联合运算方法，运用多种几何的逻辑运算、数理统计分析和代数运算等手段，定量研究地理空间的空间分布模式，多适用于强调地理空间本身的特征、空间决策过程和复杂空间系统的时空演化过程分析。

本书研究采用空间信息量算、空间信息分类、叠加分析和空间统计分析多种基本手段相结合，对研究区范围内大量的空间和非空间数据进行统一标准化处理，将海岸带开发相关的所有指标数据矢量化；在各种规划的基础上，通过叠加海岸线不同区域的区位、岸线类型、自然环境、社会条件和社会需求等因素，对不同功能区进行比较，确定海岸线综合利用格局。

第 2 章　我国海岸带开发与管理现状

2.1　海洋资源开发利用现状

海洋是潜力巨大的资源宝库，也是支撑未来发展的战略空间，海岸空间资源是国家重要的国土资源和特殊的空间资源，是涉海活动及海洋经济的载体。我国是海洋大国，海岸空间资源丰富，且可开发利用的潜力很大，主要包括港口资源、渔业资源、旅游资源、矿产资源、盐业资源、油气资源等。沿海城市是与海洋距离最近的人类居住区域，具有得天独厚的地理优势和海洋资源优势，合理加快沿海城市海洋产业发展，对沿海城市社会经济发展和城市化进程的整体推进具有十分重要的意义。

1. *海洋资源情况*

我国拥有 1.8 万 km 的海岸线[2]，岸线资源丰富。按照国际法和《联合国海洋法公约》的有关规定，我国主张的管辖海域面积可达 300 万 km^2，约占陆地领土面积的 1/3，其中与领土有同等法律地位的领海面积为 38 万 km^2。

我国海域内海岛数量众多，其中岛屿面积 $500m^2$ 以上的岛屿 7372 个[10]。我国拥有丰富的海洋资源，油气资源沉积盆地约 70 万 km^2，石油资源量估计为 240 亿 t，天然气资源量估计为 14 万亿 m^3，还有大量的天然气水合物资源，即最有希望在 21 世纪成为油气替代能源的“可燃冰”。我国管辖海域内有海洋渔场 280 万 km^2，20m 以内浅海面积 16 万 km^2，海水可养殖面积 260 万 hm^2，已经养殖的面积 71 万 hm^2。浅海滩涂可养殖面积 242 万 hm^2，已经养殖的面积 55 万 hm^2。我国已经在国际海底区域获得 7.5 万 km^2 多金属结核矿区，多金属结核储量多于 5 亿 t[10]。

2. 海洋资源使用现状

滨海旅游资源以滨海自然风光为基础，以历史文化遗址为象征，是海洋空间的一种人文利用形式，也是旅游业发展的重要物质基础。据天津市海洋局国家海洋博物馆筹建办公室初步调查，中国海滨旅游景点 1500 多处，其中长江口以南的景点远多于以北沿岸，占景点总数的 88%，占景点岸线总长度的 78.7%；对长江口以南旅游景点的类型分析表明，海岸型 164 个，海岛型 24 个，红树林生物海岸型 3 个[11]。

港口资源指符合一定规格船舶航行与停泊条件，并具有可供某类标准港口修建和使用的筑港与陆域条件，以及具备一定的港口腹地条件的海岸、海湾、河岸和岛屿等，是港口赖以建设与发展的天然资源。按所处的地理位置，港口资源可分为海岸、岛屿、河口和内河 4 大类。依据《中国海洋发展报告（2012）》统计，目前我国沿海已建成的海洋港口共计 150 多个，天然港口所剩不多。

渔业资源是指具有开发利用价值的鱼、虾、蟹、贝、藻和海兽类等经济动植物的总体。渔业资源是渔业生产的自然源泉和基础，又称水产资源，按水域分内陆水域渔业资源和海洋渔业资源两大类。我国已记录的海洋鱼类有 1694 种，近海的虾蟹类 600 多种，沿海分布常见的藻类 200 多种[10]。我国主要渔场有石岛渔场、大沙渔场、吕四渔场、舟山渔场、闽东渔场、闽南-台湾渔场。

3. 海洋产业现状

海洋产业在国民经济中的作用日益突出，为了进一步提高海洋经济的水平和增加经济效益，提高沿海地区国民经济的综合竞争力，转变经济发展方式，2012 年 9 月 16 日《全国海洋经济发展“十二五”规划》颁布。依据《2012 年中国海洋经济统计公报》统计，我国海洋产业总体保持稳步增长。2012 年滨海旅游业占海洋产业增加值的 33.9%，位居首位，其次是海洋交通运输业，占 23.3%，再次是海洋渔业，占 17.8%，其余产业所占比例均小于 10%，具体见图 2-1。

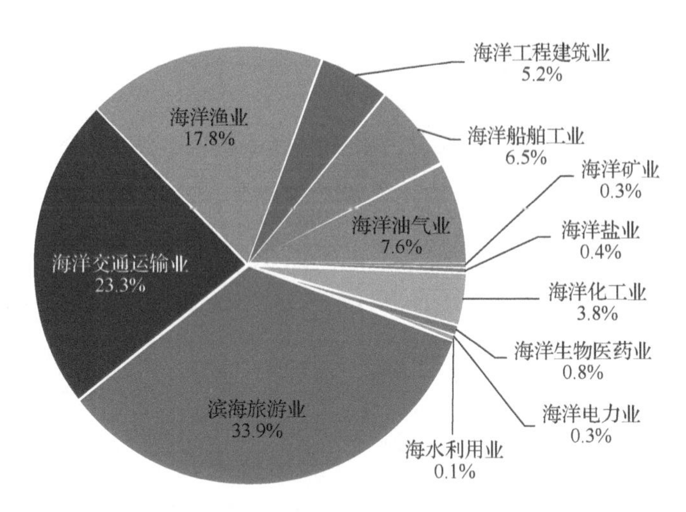

图 2-1　我国主要海洋产业增加值构成图

4. 海洋生态环境现状

随着新型城镇化和高新经济发展的步伐加快，土地资源明显供应不足，人们将扩张土地资源的目光放到了海岸带区域，使沿海地区海洋经济发展压力增大，然而无序、粗放的过度开发利用，使得我国海洋生态环境面临巨大的威胁。同时，全球气候变化对海洋环境也产生了巨大的影响，比如海平面上升引起海洋灾害频发，海水增温引起海洋灾害加剧等。根据中国气象报社发布的统计数据，1990 年以来，我国海洋灾害和极端天气过程发生频率较高，造成巨大的经济损失，年均损失约 150 亿元。

2.2　我国海洋环境灾害现状

开放度高和经济发达的沿海城市，因濒临海洋具有巨大的经济社会发展优势，成为世界发达的地区。我国沿海城市经济发达、人口众多、城市化率高。任何事物都具有两面性，邻近海洋给沿海城市带来优势的同时，也伴随有海洋环境灾害。目前我国海洋环境灾害的主要类型有海平面上升、海岸侵蚀、赤潮和绿潮“水华”、海上溢油、风暴潮与海浪等。

1. 海平面上升

据联合国政府间气候变化专门委员会（Intergovernmental Panel on Climate Change，IPCC）第四次评估报告数据显示，20 世纪全球绝对海平面每年上升速率平均值为(1.7±0.7)mm/a。据《2015 年中国海平面公报》数据可知，中国沿海海平面变化总体呈波动上升趋势，1980～2015 年，中国沿海海平面上升速率为 3mm/a（图 2-2），高于全球海平面上升的平均速率。

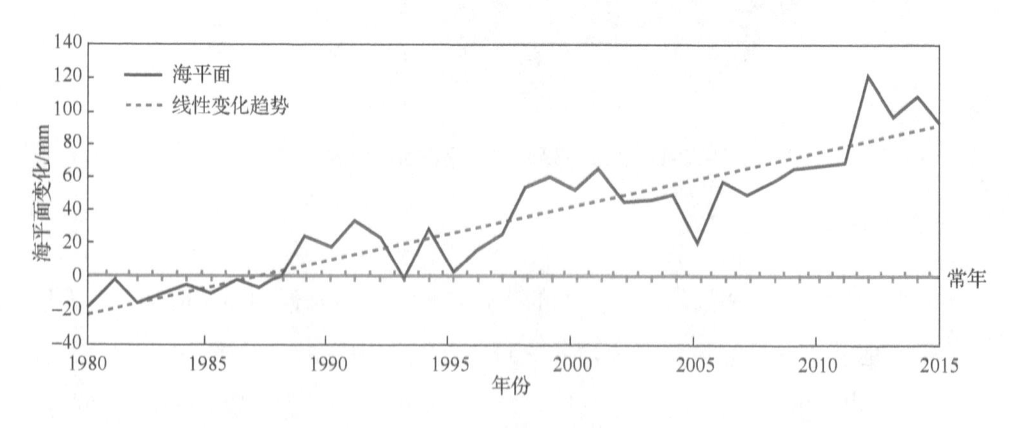

图 2-2　1980～2015 年我国沿海海平面变化

图片来源：《2015 年中国海平面公报》

2. 海岸侵蚀

海岸侵蚀是海洋环境灾害的形式之一。依据《2016 年中国海洋灾害公报》数据显示，近年来，随着海岸线资源的不断开发，我国侵蚀岸段逐年增加，2007 年我国受侵蚀的岸线长度为 3708km，且 53%为砂质岸线。2016 年我国沿海地区海岸侵蚀较为严重地区如表 2-1 所示，砂质海岸侵蚀严重地区主要分布于辽宁、山东、福建、广东和海南监测岸段。

表 2-1　2016 年海岸侵蚀监测情况

省（区、市）	重点岸段	侵蚀海岸类型	监测海岸长度/km	侵蚀海岸长度/km	平均侵蚀速度/(m/a)
辽宁	绥中	砂质	112.2	11.8	3.6
	盖州	砂质	12.8	4.4	1.0

续表

省（区、市）	重点岸段	侵蚀海岸类型	监测海岸长度/km	侵蚀海岸长度/km	平均侵蚀速度/(m/a)
山东	招远宅上村	砂质	1.3	1.3	6.1
	威海九龙湾	砂质	2.1	2.1	2.8
江苏	振东河闸至射阳河口	粉砂淤泥质	61.4	40.9	13.7
上海	崇明东滩	粉砂淤泥质	48.0	2.7	5.1
浙江	舟山大青山千步沙	砂砾质	1.2	0.6	0.4
福建	厦门太阳湾	砂质	0.6	0.6	5.1
广东	雷州市赤坎村	砂质	0.8	0.6	1.9
	汕头龙虎湾	砂质	0.4	0.4	5.0
海南	海口市镇海村	砂质	1.6	0.3	1.1
	三亚亚龙湾西侧	砂质	4.9	2.1	1.0
	琼海博鳌镇出海口北侧	砂质	3.4	3.4	3.3

资料来源：《2016 年中国海洋灾害公报》

3. 赤潮和绿潮“水华”

目前随着我国沿海经济的不断发展，沿海城市海水富营养化显现逐渐严重，成为最严重的海洋环境灾害。赤潮和绿潮是“水华”的主要表现形式。所谓的“水华”主要是海水中的碳、氮、磷的比例失调引起的。根据历年《中国海洋灾害公报》数据分析，2000～2012 年我国近海赤潮发生的频率为每年 80 次左右，其中 2003 年赤潮爆发次数最高，为 119 次，2008 年以后赤潮爆发次数有所降低。赤潮已遍布我国四个海区，东海区为高频发生区，其累计发生的赤潮次数占全国的 63.3%。

我国绿潮灾害则从 2008 年以来每年均有发生，2008 年和 2009 年绿潮影响面积较大，直接经济损失达 19.63 亿元[12]。截至目前，我国多发生绿潮的城市包括三亚、烟台、青岛、琼海、日照、威海、烟台等，主要的绿藻种类为浒苔。

4. 海上溢油

随着海洋石油产业的不断兴旺与海运石油产业的不断发达，我国溢油事故频频发生，对海洋环境及渔业、旅游业造成严重的影响和经济损失。1973～2009 年，我国共计发生船舶溢油事故 2821 起，平均每 4～5 天一起[12]。

5. 风暴潮与海浪

风暴潮与海浪灾害一年四季均有发生，且发生区域比较广泛，我国沿海城市均有可能被波及。其中热带风暴多集中于7～9月，而温带风暴发生在11月至次年的4月。受全球气候变暖的影响，我国风暴潮灾害逐渐向北偏移，威胁不断增大。根据历年《中国海洋灾害公报》数据统计分析（表2-2），2000～2016年我国风暴潮灾害频发，直接经济损失达到1956.88亿元。

表2-2　2000～2016年中国沿海风暴潮的损失情况

年度	发生次数/次	死亡（含失踪）人数/人	直接经济损失/亿元
2000	8	15	115.4
2001	6	136	87.00
2002	8	30	63.10
2003	12	25	78.77
2004	19	49	52.15
2005	20	137	329.80
2006	28	327	217.11
2007	30	18	87.15
2008	25	56	192.24
2009	32	57	84.97
2010	28	5	65.79
2011	22	0	48.81
2012	24	9	126.29
2013	26	0	153.96
2014	9	6	135.78
2015	10	7	72.62
2016	18	0	45.94
合计	325	877	1956.88

资料来源：《中国海洋灾害公报》（2000～2016年）

2.3　沿海城市化发展现状

我国的城市化发展得益于1984年对外开放战略的制定。这些对外开放的沿海城市通过便捷的交通、良好的基础环境、较高的技术和管理水平，开展对外经济技术合作，积极吸引外资，加快了城市的经济发展。沿海对外开放城市经济发展飞跃，沿海地区经济快速发展离不开海洋产业的大力投入。

《中国海洋经济统计公报》数据显示，“九五”期间，我国沿海地区主要海洋产业总产值累计达到 1.7 万亿元，比“八五”时期翻了 1.5 倍，年均增长 16.2%，高于同期国民经济增长速度。依据《中国城市统计年鉴》与《中国海洋统计年鉴》统计结果（图 2-3），2000 年我国沿海城市地区生产总值达到 2442 亿元，到 2012 年达到了 519322 亿元，其中海洋生产总值占 9.64%，而在沿海 11 个省中，海洋生产总值占 15.84%。全国涉海就业人员达 3350 万人，其中新增就业 80 万人。

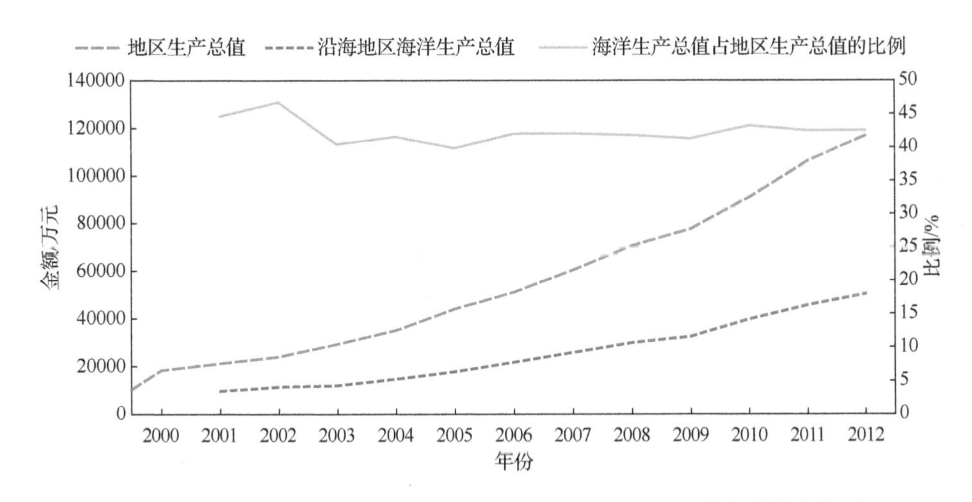

图 2-3　2000～2012 年沿海 50 个城市的生产总值与海洋生产总值变化图

随着海洋经济的不断发展，沿海城市成为人口迁入的主要城市。据国家统计局资料统计，1999 年底，我国居住人口总数达到 12.59 亿人（不包括香港、澳门和台湾数据），约占世界总人口的 22%，有 40%的人口居住在东部沿海城市。东部沿海地区人口密度超过 400 人/km^2，而中国平均人口密度为 143 人/km^2，中国平均人口密度约是世界人口密度的 3.3 倍。

随着沿海区域经济的快速发展，人口向沿海城市移动的趋势越来越强，使沿海城市人口密度越来越大。根据《中国城市统计年鉴》，2001 年我国沿海地区拥有全国 40.2%的人口，2009 年提升到 41.8%，年均增长率为 1.1%，比同期全国总人口的年均增长率高 0.5 个百分点。

根据《中国城市统计年鉴》分析结果，我国沿海城市 1990 年末市辖区总人口为 5400 万人，2001 年为 6600 万人，到 2012 年末高达 9500 万人。由图 2-4

可见，2000～2012 年我国沿海城市人口不断增加，且增长速度以 2004 年为分界点，2004 年之后增长速度有所减缓。另外我国沿海城市非农业人口与年末总人口的增长趋势相同，而我国沿海城市化率不断增长，1990 年我国沿海城市市辖区的城市化率为 60%，2007 年增长到 73%，2007 年之前增长速度较为迅速，2007 年之后处于缓慢增长阶段，基本维持在 77%左右。

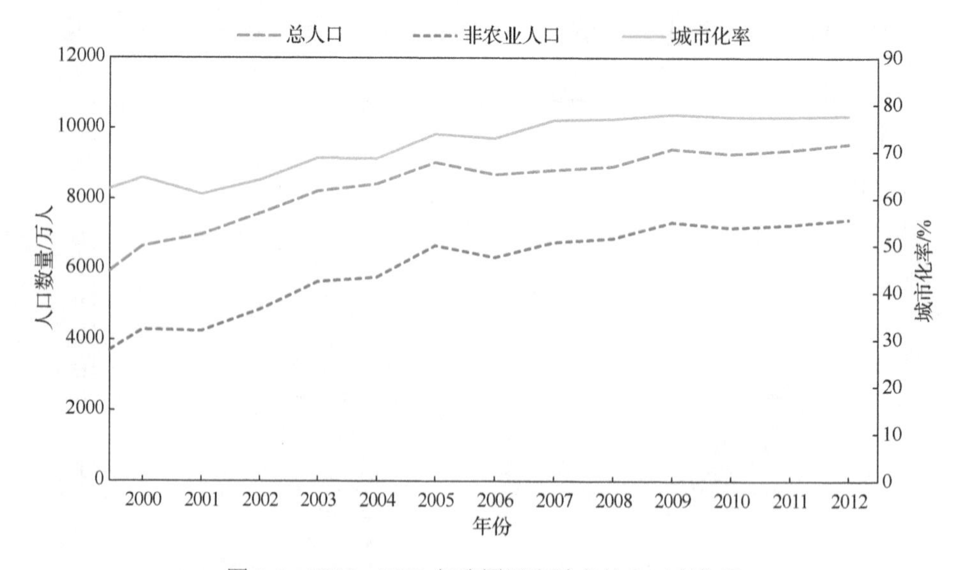

图 2-4　2000～2012 年我国沿海城市的人口变化图

城市化进程与人口增长、经济发展密切相关，海洋资源开发促进了沿海地区的人口和经济增长，进而推动了城市化进程的加速。沿海城市受陆地与海洋交替环境的影响，各类资源丰富、生态环境优美、对外贸易便捷、适宜人类居住等，吸引大量人口从内陆地区向沿海地区集结，这些因素导致沿海地区城市化进程增速，以及城市化水平较内陆城市高。我国城市化发展起步较晚，但是城市化发展的进程比较迅速，1978 年，中国城市化率为 18%，到 2009 年，城市化率达到 46.59%[13]。根据中国统计年鉴数据分析，2001～2009 年沿海地区城镇人口年均增长率为 3.9%，相比同期全国城镇人口的年均增长率高 0.6 个百分点，相对应的城市化率提高了 8.8 个百分点。根据分析结果，2005 年开始我国沿海地区城市化率超过 50%，已达到中等收入国家的平均水平，进入了城市化的中期——加速发展阶段[14]。

2.4　海岸线管理现状

新中国成立之初至 20 世纪 80 年代，我国对海岸带资源的管理目标是资源利用效率的最大化，基本上是陆地自然资源管理部门的职能向海洋的延伸。海洋渔业由国家和各级政府的渔业管理部门负责，海洋交通安全由交通部门负责，滨海湿地由环保部门负责，滨海旅游由旅游部门负责等，各部门多规并行，规划内容交叉、管制重叠、标准不一的各类规划复杂交错。随着海陆综合开发利用需求的提升，海岸带生态环境系统日益衰退，资源利用冲突加剧，多种规划并存的海岸带管理模式亟须调整优化。

1. 土地利用总体规划

土地利用总体规划是在一定区域内，根据国家社会经济可持续发展的要求和当地自然、经济、社会条件，对土地的开发、利用、治理、保护在空间上、时间上所做的总体安排和布局，是国家实行土地用途管制的基础。其实质是对有限的土地资源在国民经济部门间的合理配置，即土地资源的部门间的时空分配（数量、质量、区位），具体借助于土地利用结构加以实现。

国务院批准的现行土地利用总体规划的土地利用基本方针是：坚持在保护中开发、在开发中保护的方针，采取有力措施，严格限制农用地转为建设用地，控制建设用地总量，对耕地实行特殊保护，积极开展土地整理，加强生态环境建设，实现土地资源可持续利用。

2. 全国主体功能区规划

2011 年 6 月 8 日，《全国主体功能区规划》正式发布。主要是根据不同区域的资源环境承载力、现有开发密度和发展潜力，统筹谋划未来人口分布、经济布局、国土利用和城镇化格局，将国土空间划分为优化开发、重点开发、限制开发和禁止开发四类，确定主体功能定位，明确开发方向，控制开发强度，规范开发秩序，完善开发政策，逐步形成人口、经济、资源环境相协调的空间开发格局。

规划范围为全国陆地国土空间以及内水和领海（不包括港澳台地区）。

3. 海洋功能区划

海洋功能区划指根据海域的地理位置、自然资源状况、自然环境条件和社会需求等因素而划分的不同的海洋功能类型区，用于指导、约束海洋开发利用实践活动，保证海洋开发的经济、环境和社会效益的海洋管理手段[15]。截至2018年，我国海洋功能区划经历了两轮编制，分别是2002年和2012年，调整后的海洋功能区划分类体系将海洋基本功能区分为8个一级类型和22个二级类型。

海洋功能区划已成为我国海洋空间开发、控制和综合管理的整体性、基础性、约束性文件，是我国海洋环境保护的基本依据。它的本质导向是一种在保护中实施开发的管理方法，以海陆统筹为准则，根据陆地空间与海洋空间的关联性，以及海洋系统的特殊性，来协调陆地与海洋的开发利用和环境保护，其内容包括海岸线的严格保护及占用海岸线的开发利用活动等。

4. 全国海洋主体功能区规划

海洋既是目前我国资源开发、经济发展的重要载体，也是未来我国实现可持续发展的重要战略空间。鉴于海洋国土空间在全国主体功能区中的特殊性，2015年8月1日，国务院以国发〔2015〕42号印发《全国海洋主体功能区规划》，根据到2020年主体功能区布局基本形成的总体要求，规划的主要目标是：海洋空间利用格局清晰合理，海洋空间利用效率提高，海洋可持续发展能力提升。

《全国海洋主体功能区规划》是《全国主体功能区规划》的重要组成部分，是推进形成海洋主体功能区布局的基本依据，是海洋空间开发的基础性和约束性规划。规范范围为我国内水和领海、专属经济区和大陆架及其他管辖海域（不包括港澳台地区）。

海洋主体功能区按开发内容可分为产业与城镇建设、农渔业生产、生态环境服务三种功能。依据主体功能，将海洋空间划分为优化开发、重点开发、限制开发和禁止开发四类区域。

（1）优化开发区域，是指现有开发利用强度较高，资源环境约束较强，产业结构亟须调整和优化的海域。

（2）重点开发区域，是指在沿海经济社会发展中具有重要地位，发展潜力较大，资源环境承载能力较强，可以进行高强度集中开发的海域。

（3）限制开发区域，是指以提供海洋水产品为主要功能的海域，包括用于保护海洋渔业资源和海洋生态功能的海域。

（4）禁止开发区域，是指对维护海洋生物多样性，保护典型海洋生态系统具有重要作用的海域，包括海洋自然保护区、领海基点所在岛屿等。

5. 海洋生态红线

2011年10月，国务院出台《关于加强环境保护重点工作的意见》，该意见强调在重要生态功能区、陆地和海洋生态环境敏感及脆弱区等区域划定生态红线。随后，国家有关部门要求各沿海省区建立生态红线制度。生态红线是为维护国家或区域生态安全和可持续发展，根据生态系统完整性和连通性的保护需求，划定的需实施特殊保护的区域。目前，沿海省区已正式发布实施生态红线，全面建立生态保护红线制度。

2014年2月，《河北省海洋生态红线》正式发布实施。内容中根据海洋环境和资源要求，将生态红线分成不同保护层次，即禁止开发区、限制开发区。禁止开发区就是自然保护区的核心区、缓冲区，以及海洋特别保护区的重点保护区和预留区。禁止开发区和国家设立的自然保护区的要求是一样的，核心区和缓冲区也提出只能建设科技园区，不能开发。限制开发区通常位于海洋自然保护区的实验区、海洋特别保护区的资源恢复区和适度利用区，该区域禁止围填海、矿产资源开发等其他可能改变海域自然属性和破坏海洋生态功能的活动。

沿海各省海洋生态红线主要针对自然岸线、海洋保护区等区域制定了清晰的管控措施和区域限制政策，实行严格的项目准入标准，对海洋经济的可持续健康发展进行合理化布局。

6. 沿海地区发展规划

沿海地区发展规划是指以我国沿海省级行政单位所辖的特定地区或海域为规划对象，规划广度在城市规划和国土规划之间，跨越省或市行政界线的区域规划。应根据国家区域发展总体战略以及相关政策措施的深入实施，统筹陆海经济发展，完善沿海区域发展模式，促进海陆统筹和区域协调发展，对新时期地区经济发展做出全面部署与规划。

截至 2016 年，国务院已在沿海地区陆续批准了 18 个沿海地区发展相关规划，例如：《辽宁沿海经济带发展规划》《河北省沿海地区总体规划（2011—2020 年）》《曹妃甸循环经济示范区产业发展总体规划》《黄河三角洲高效生态经济区发展规划》《山东半岛蓝色经济区发展规划》等。

7. 国家级自然保护区

国家级自然保护区是推进生态文明、建设美丽中国的重要载体，强化自然保护区建设和管理是贯彻落实创新、协调、绿色、开放、共享新发展理念的具体行动，是保护生物多样性、筑牢生态安全屏障、确保各类自然生态系统安全稳定、改善生态环境质量的有效举措。

《中华人民共和国自然保护区条例》第二条定义的“自然保护区”为“对有代表性的自然生态系统、珍稀濒危野生动植物物种的天然集中分布区、有特殊意义的自然遗迹等保护对象所在的陆地、陆地水体或者海域，依法划出一定面积予以特殊保护和管理的区域”。

目前，我国沿海地区已获批准 34 个国家级自然保护区。例如：大连斑海豹国家级自然保护区位于辽宁省大连市复州湾，约 90900hm^2，始建于 1992 年，1997 年晋升为国家级自然保护区，主要保护对象为斑海豹及生态环境；辽宁辽河口国家级自然保护区位于辽宁省盘锦市大洼县和辽河口生态经济区内，总面积 80004hm^2；天津古海岸与湿地国家级自然保护区位于天津市宁河区、大港区、津南区，面积约 35913hm^2，始建于 1984 年，1992 年晋升为国家级自然保护区，主要保护对象为贝壳堤、牡蛎滩古海岸遗迹和七里海湿地生态系统及各种动植物；昌黎黄金海岸国家级自然保护区位于河北省秦皇岛市昌黎县沿海，面积约 30000hm^2，1990 年批准建立，主要保护对象为沿岸自然景观、所在陆地海域的生态环境、沿海生态系统。

第3章　影响海岸线变化的因素分析

海岸线是海陆的分界线，是人类活动及海水活动的频繁区域，蜿蜒曲折，在自然界中变化异常活跃，有时推向大陆，部分大陆转变为海洋，有时退水成陆，部分海洋转变为大陆，处于不断的、永无休止的循环变化中。我国海岸线处于不断变化中，自然岸线长度逐年减少，人工岸线逐年增加，海岸线的位置处于不断变化状态，曲折度也相应地发生着变化。

海岸线的变化是各种自然因素与人为因素共同作用的结果。影响海岸线变化的因素主要包括：①海水侵蚀使海岸线向陆推进，改变海岸线的长度、位置和曲折度；②海平面上升淹没沿海地区的陆地，同时还会增加海岸侵蚀、风暴潮等海洋灾害发生的频率；③地面沉降，导致海水倒灌，对海岸线的影响与海平面上升相同；④风暴潮等海洋突发性灾害，引起海平面异常升降；⑤围填海、海砂开采、港口工程、河流改道等人为因素，直接改变海岸线的自然属性特征。

除极端海洋灾害外，自然因素对海岸线变化的影响大多是持续的、缓慢的。而人类活动对海岸线的影响是迅速且直接的，有些活动如填海造地、海岸码头建造、海砂开采等，改变海岸线的基本属性，甚至破坏沿海的海洋生态系统。海洋地质测量资料表明，20 世纪 50 年代之前，我国海岸线的变化主要以自然因素为主导因素；20 世纪 50 年代之后，人为因素的作用逐渐增大。本章通过对相关资料的收集，将对海岸线变化影响的自然因素和人为因素进行整理分析，获得我国海岸线变化的主要因素及影响结果（表 3-1）。

表 3-1　我国海岸线变化的主要因素及影响结果

海岸线变化因素	影响范围		海岸线变化的作用方面			对海岸线影响的结果		
	普遍	局部	改变海洋水动力环境	改变沉积环境	加强海岸侵蚀	纵深度	稳定性	曲折度
海水侵蚀	+		+		+	+	+	+
海平面上升	+		+		+	+	+	+
风暴潮加剧	+		+		+	+	+	+

续表

海岸线变化因素	影响范围		海岸线变化的作用方面			对海岸线影响的结果		
	普遍	局部	改变海洋水动力环境	改变沉积环境	加强海岸侵蚀	纵深度	稳定性	曲折度
水动力因素		+	+	+	+	+	+	+
围填海		+	+	+		+		+
海砂开采		+	+	+	+	+	+	
港口工程		+		+		+		+
河流改道		+	+	+	+	+	+	+
地面沉降		+	+		+	+	+	+
海岸生物的破坏		+		+	+		+	

注：“+”表示影响因素可产生该项影响结果

3.1　自 然 因 素

3.1.1　海水侵蚀

海水侵蚀是全球性的自然灾害，同样对海岸线的变迁、海岸带的自然属性等有着重要的影响，影响作用较大的岸段主要是砂质海岸、淤泥质海岸等自然岸线，对基岩岸线、人工岸线等影响程度有限，其对岸线的改造主要是海岸线纵深度的变化，表现在海岸线后退程度。

近年来，随着人工作用及海平面上升加速等因素的影响，海岸侵蚀范围进一步扩大，我国 32000km 的海岸线上也存在着不同程度的海岸侵蚀问题，其中不少岸段因河流改道、海岸夷平作用、暴风浪及强潮的冲刷而发生了不同程度的侵蚀后退。我国砂质海岸和粉砂淤泥质海岸侵蚀严重，侵蚀的范围扩大，局部地区侵蚀速度呈加快趋势[16]。《2012 年中国海洋灾害公报》数据显示，河北省滦河口至戴河口砂质海岸岸段平均侵蚀速度为 11.0m/a，上海市崇明东滩南侧粉砂淤泥质岸段平均侵蚀速度为 22.1m/a。单纯自然因素引起的海岸侵蚀的范围较小，速度较慢，局部地区比较明显。根据海岸线遥感监测结果，河北省昌黎县有一处区域为自然海水侵蚀区域，2010～2012 年该岸段海岸线自然侵蚀的长度为 420m，其最大的侵蚀宽度可达 14m。

另外，海岸侵蚀的日益加剧已给沿岸人民的生产和生活带来严重的影响，如道路中断、沿岸村镇和工厂坍塌、海水浴场环境恶化、海岸防护林被海水吞噬、岸防工程被冲毁、海洋鱼类的产卵场和索饵场遭受破坏、盐田和农田被海水淹没等。

3.1.2　海平面上升

海平面变化直接影响海岸带环境的发展演变，根据“全球海平面观测系统”（Global Sea Level Observing System，GLOSS）和“平均海平面服务局”（Permanent Service for Mean Sea Level，PSMSL）在世界各地的验潮站的数据，美国国家海洋和大气管理局（National Oceanic and Atmospheric Administration，NOAA）计算得出过去百年海平面变化速率为 1.8mm/a。根据国家海洋局发布的《2016 年中国海平面公报》，中国沿海海平面变化总体呈波动上升趋势，1980～2016 年，中国沿海海平面平均上升速率为 3.2mm/a，高于全球平均水平，2016 年，我国沿海海平面为 1980 年以来最高值，海平面较常年（1993～2011 年的平均海平面，下同）高 82mm，较 2015 年高 38mm。自 20 世纪 90 年代以来，中国沿海海平面上升明显，2014～2016 年海平面处于历史高位。预计未来中国沿海海平面将继续上升，2050 年将比常年升高 145～200mm。

海平面上升造成的直接影响是海岸线后退，大片土地被海水淹没。海平面上升使潮差和波高增大，其累积效应加重海岸侵蚀。海平面上升对自然岸线的影响主要表现为使岸滩蚀退和低地淹没，破坏盐场和水产养殖等设施，影响滩涂资源利用。例如，据统计，江苏滨海县近百年来，海岸线最大后退距离达 17km，400 多 km^2 的土地被淹没[17]。海平面上升对人工的岸线影响表现为淘蚀堤防岸基，影响堤防安全。长期的海平面上升将导致海岸侵蚀甚至海岸线大幅后退、风暴潮加剧、海水入侵与土壤盐渍化等海洋灾害。徐明等[18]指出，1980～2009 年，上海沿海海平面上升了 115mm，高于全国沿海平均的 90mm。

3.1.3　地面沉降

我国沿岸以淤泥质和砂质平原海岸为主，近岸地区的地面高程大多在 5m 以下，在沿海经济发展的背景下，地下水超采利用，大型建筑物对松软土质的压实作用，导致沿海地面沉降，对地表或地下构筑物造成危害，提高了海平面相对上升幅度，引起海水入侵、港湾设施失效，造成海岸线后退。当地面沉降到接近海面时，会发生海水倒灌，使土壤和地下水盐碱化。

中国地质调查局公布的《中国地下水资源与环境调查》显示：自1959年以来，长江三角洲地区累计沉降超过200mm的面积近1万km^2，占区域总面积的1/3。其中，上海市、江苏省的苏州、无锡、常州三市开始出现地裂缝等地质灾害。据《解放日报》报道，1966～2011年，上海市地面累计沉降量约为0.29m。2013年2月28日，上海市松江区一工业园区内地面发生大面积坍塌，造成巨大的经济损失。预计到2050年，全国有约8.7万km^2的地区存在受到海平面上升影响的风险，加速海岸线的后退。

3.1.4 风暴潮

风暴潮是由热带气旋、温带气旋、冷锋的强风作用和气压骤变等强烈的天气系统引起的海面异常升降现象，据《2016年中国海洋灾害公报》数据显示，2016年，我国沿海共发生风暴潮过程18次，其中台风风暴潮过程10次，8次造成灾害，给沿岸地区人民生命和财产带来巨大的损失。风暴潮来临时，潮水上涌的强大攻势造成海岸侵蚀，较强的风暴潮可直接损毁岸堤，如2003年10月在青静黄排水渠至独流减河岸段发生的风暴潮直接冲毁了岸堤，最大侵蚀约1.2km，落潮时潮流把沿岸大量泥沙带入海中，造成沿岸港口和航道淤积；1997年8月，天津港发生风暴潮，风暴增水达0.7m，造成天津港航道发生强淤现象，最大淤积厚度为0.36m，渤海湾西南海域的黄骅港外航道也出现了严重的淤积；2007年，风暴潮袭击连云港拦海大堤，激起巨浪，海岸防护措施遭受严重的威胁。

3.1.5 水动力因素

1. 河流作用

近岸水动力对塑造海岸形态及海底地貌特征起着重要的作用，水动力控制沉积物的搬运和沉积过程，是塑造海岸带特征的直接动力因素。海岸带水动力因素主要为河流、潮汐、潮流和波浪的作用，一般来讲，在河口区是河流与海洋动力同时起作用，在海岸区则海洋动力起主导作用，河流输沙、潮流输沙及波浪掀沙是塑造水下地形的主要动力因素。

众多入海的河流挟带大量泥沙入海，为海岸带潮滩泥沙堆积提供了物源，在河口河流动力及近岸海洋水动力作用下沿岸搬运，塑造潮滩的发育，如黄河三角洲、珠江三角洲、长江三角洲等均为河流挟带上游泥沙淤积而成（图 3-1）。在河流入海口海域河流提供的泥沙一般对近岸潮滩起建设作用，近岸潮流、波浪等海洋动力一般对近岸潮滩起破坏作用。在某一时段，若河口海域河流水动力的作用超过近岸海洋水动力作用，河口海域呈淤积状态，形成潮滩或河口三角洲；若河流水动力作用减弱，近岸海洋水动力起主导作用，河口海域会呈现侵蚀状态。另外，在一定条件下还会出现堆积和侵蚀的动态平衡状态。

图 3-1　河流淤积形成黄河三角洲

2. 潮汐作用

潮汐对海岸线的塑造起着巨大的作用。涨潮时，波浪的掀沙作用使海底沉积物再悬浮，产生大量的悬浮泥沙，在近岸海域常常形成高沙量的混浊带，改变近岸海域的沉积动力环境、物理自净能力并对海水水质产生一定影响。据张立奎研究，1975～2010 年，渤海湾南部和西部近岸海域海岸线变化复杂[19]，尤其天津港码头突堤和黄骅港、滨州港防沙堤向海延伸，导致潮流变化比较大，突堤和长堤外侧的潮流流速变大，受其掩蔽的海域流速变小，潮流流向由于人工岸线的不断变化而发生相应的改变。如浙江杭州湾钱塘江口为敞口式海湾，海啸来临时使海啸能量集中，受灾较平坦海岸较小。

3.2 人为因素

随着经济和科技的发展，人类对海洋的认识和探索也进一步深入，对海洋的开发和利用也达到了历史上从未有过的程度。据《2015年海域使用管理公报》统计，2015年全国通过申请审批依法发放海域使用权证书3184本，确权海域面积22.84万hm^2。根据本书作者统计，我国人工岸线的比例由1990年的35.28%，增至2012年的57.55%，人工岸线增加了4664.84km。海岸线的曲折度自1990年到2012年，由1.3569下降到1.3466。海岸线纵深度年均变化速度越来越快，表明海岸线的稳定性越来越差，向海推进的最大距离可达709.74m，可见人类活动与海岸线变迁密不可分。人类行为是影响海岸线变化的重要影响因子，尤其有些用海方式，如填海造地工程、港口码头工程几乎完全改变海域的自然属性，所填海域资源全部消失，且无法完全修复。目前，人类影响海岸带环境的活动主要包括围填海、人工航道的开挖和疏浚、港口工程建设、海砂开采等。下面从围填海、海砂开采、港口建设等方面进行分析。

3.2.1 围填海

2012年国家海洋局公布的海域使用分类体系中明确提出，填海造地由筑堤围割海域填成土地，并形成有效岸线，即海陆分界线。由筑堤围割海域进行封闭或半封闭式养殖生产的海域，为围填海用海方式。

围填海是我国沿海地区拓展空间的一种途径，围填海对于沿海地区经济社会发展具有重要意义，为实施沿海区域发展战略规划、发展经济、保护耕地、改善滨海生态环境做出了巨大贡献。但是其彻底改变了海域自然属性，对海岸线的影响不容忽视。围填海直接影响海岸线的长度、曲折度、稳定性，改变局部地区海洋水动力环境，影响围填海工程周边海岸的沉积环境，加剧海岸线侵蚀，污染海洋环境，破坏海岸线周围的生态平衡等。根据全国围填海遥感监测结果统计，

1990～2012 年，我国新增的围填海面积达 64.39 万 hm^2，新增围填海海岸线长度占总岸线长度的比例由 32.32%提高到 49.83%，围填海海岸线增加了 3700km，占人工岸线增加的比例为 79.71%。可见，围填海是影响我国海岸线变化的重要因子。

1. 围填海对海岸线长度、曲折度、稳定性的影响

围填海对海岸线最直接的影响是改变海岸线的长度，促使海岸线向海推进，改变海岸线的曲折度，影响海岸线的稳定性（图 3-2）。我国大部分的围填海工程均位于海湾内部，其直接后果就是岸线经截弯取直后长度大幅度减小，曲折度降低，自然原始状态遭到破坏，岸线越来越平整，海岸动态平衡也因此被破坏。根据本书研究结果统计，自 1990 年到 2012 年，我国海岸线向海推进的距离最大可达 2251.18m，海岸线的曲折度出现波动性变化，广西地区曲折度下降了 0.17。厦门市杏林湾海堤和马銮湾海堤、珠海市唐家湾的十里海堤、乐清湾内的大规模填海工程、葫芦岛市龟山岛附近 7km 的围海海堤等，都是围填海活动造成海岸线破坏受损的例证。

——1990年海岸线　——2000年海岸线　——2012年海岸线

图 3-2　围填海海岸线

2. 围填海对海洋水动力环境的影响

大规模的围填海工程截弯取直，造成海湾面积减小，极大程度减小海湾的纳潮量，张立奎的研究表明：自 1975 年以来，大面积围填海造成渤海湾面积减少了

约 1700km^2，相当于 1975 年渤海湾面积的 15%[19]。潮流是塑造海域深水航道的主要动力因素，纳潮量的减少，加速了航道的缩窄和淤浅，影响附近泥沙的侵蚀—搬运—沉积作用。

大规模的围填海工程使得海水交换能力变差，近岸海域水环境容量下降，削弱了海水净化纳污能力。一些填海造地项目直接占用浅海养殖区，围填海区域工业和生活污水的排入，直接污染密集的水产养殖水域，加剧海域污染，使近岸水环境容量下降。如大连市的大连湾、普兰店湾、青堆子湾等重点污染海域皆与大规模的填海有关。

3. 围填海对海岸线沉积环境的影响

围填海工程彻底改变了其周边的泥沙沉积环境，改变原有的侵蚀、淤积状态，如大型港口工程及其他突入海中的人工建筑物，包括突堤码头及防波堤截断沿岸入海河流挟带的泥沙，截断了沿岸海滩发育的沙源，在港口工程来沙一侧海滩淤积，另一侧除波影区淤积外，下游海滩因沙源亏损而遭侵蚀。

4. 围填海对海岸线生态环境的影响

在滨海地区，红树林、河口、海湾、海草床等都是非常重要的生态系统，对于维持海岸带良好生态状况起着共同的支持作用。我国许多围填海项目位于河流入海口、浅水湾等生态系统脆弱区域，因为缺乏合理的认识和规划，大规模围填海活动致使这些重要的生态系统严重退化。围填海规模的不断扩大，直接改变了海岸线的自然属性，使其变为围填海海岸线，打破了海岸线附近地区原有的生态系统平衡。如大连市众多河口被围海养殖池塘占据，自然滨海河口湿地被破坏，导致河流入海泥沙量减少，造成河口泻湖面积减少，河口湿地功能减退，湿地面积萎缩，湿地生态系统面临巨大威胁。

围填海同时还占用了海洋生物的生存环境，使原有的一些珍稀物种失去生存空间，导致生境和物种多样性减少，结构逐渐退化，海岸带生态系统趋于单一的状态，削弱了生态系统自我调节的能力，降低了海岸带生态系统的稳定性。由于围填海等人类活动的影响，目前天津滨海湿地一半以上已被改造为生物种群较为单一、生态功能较为低下的人工湿地。被称为“海岸带卫士”的红树林的命运也是如此，20世纪50年代，全国红树林面积约有55000hm^2，至2002年，已不足15000hm^2，减少了73%；广东、海南和广西红树林分布面积分别减少了82%、52%和43%。

5. 围填海增加海洋灾害的风险

填海造地会改变围填海区域及临近海域的自然属性和自然状况。浅海和滩涂经长期的自然演化后，对自然灾害（如台风、风暴潮等）或人为扰动能起到一定的缓冲作用，海岸带系统尤其是滨海湿地系统在防潮削波、蓄洪排涝等方面起着至关重要的作用，是内陆地区良好的自然屏障，大规模的围填海工程会改变原始岸滩的地形地貌，破坏滨海湿地系统，削弱海岸带的防灾减灾能力，使海洋灾害破坏程度加剧。虽然通过围填海修建堤坝也能起到一定的防护作用，但实际效果要比自然海岸差得多。山东省无棣县、沾化县的围填海工程使其岸线向海洋最大推进了数十千米，潮间带宽度锐减，1997年、2003年两县均遭受特大风暴袭击，直接经济损失超过28亿元，如此密集和大规模的海洋灾害在当地是历史上绝无仅有的。2011年10月，海南省人大常委会对近三年海南省贯彻实施《中华人民共和国海域使用管理法》和《海南省实施〈中华人民共和国海域使用管理法〉办法》等情况调研发现，乐东县龙栖湾海滩被海水侵蚀，岸线在11年内后退了约200m，数十间房屋被毁，且被侵蚀的岸线距西线铁路最短距离仅约50m，已经威胁到铁路安全，全省沿海海潮侵蚀较为严重的村庄有十几个。

6. 围填海使得近海生物资源遭到破坏

在海岸带、河口地区营养源比较丰富，温度适宜，水质也处在较好水平，因此近岸海域是很多海洋生物栖息、繁衍的重要场所，据不完全统计，近80%的海洋生物都是生存于近岸地区。然而大规模的围填海活动改变了近岸地区水文特征，不仅影响了鱼类的洄游规律，还破坏了鱼群的栖息环境、产卵场。由于很多鱼类生存的环境遭到难以恢复的破坏，渔业资源数量锐减，不少生物种群甚至濒临灭绝，遗传多样性最终丧失。舟山群岛是我国的四大渔场之一，然而近年来渔业资源急剧衰退，大面积的围填海是主要原因之一。目前，填海围垦使渤海的辽东湾渔场基本报废，莱州湾河口地区原盛产的银鱼和河蟹已基本消失，歧口附近的毛蚶已不见踪影。同样，湛江市的石门水道原本丰富的蚝苗已基本绝迹。厦门白鹭省级自然保护区因为大范围的滩涂围垦，白鹭赖以生存的滩涂面积不断减少，大片的红树林被毁坏，许多可以供白鹭觅食、掩蔽和繁殖的重要场所荡然无存，致使白鹭面临严重的生存危机。

7. 围填海使得海岸自然景观被破坏

良好的海岸自然景观具有很高的美学观赏价值和经济价值，因此很多滨海城市也凭借这个优势发展成为热点的旅游城市，并产生巨大经济效益。但是围填海后，大量的人工景观取代自然景观，降低了自然景观的美学价值，很多有价值的海岸景观资源在围填海过程中被破坏。烟台市沿岸绵延数十千米的原生砂质海岸被称为“千里黄金海岸”，其综合价值巨大，但围海养殖工程在部分地区已经严重破坏了这一宝贵资源；青岛第一海水浴场因一侧小码头的建设导致部分沙滩变成了淤泥质海岸，第一海水浴场面积减小了近 1/2。澳门原来最大片的红树林位于氹仔著名景区“龙环葡韵”前的滩涂上，在这片 5712hm^2 的红树林里，栖息着 700 多只鹭鸟，这曾经是澳门最奇特的生态景观。但到 1998 年，填海工程堵塞了湿地与海水的连接处，使区内水质迅速下降，导致这片红树林全部枯亡，生态景观荡然无存。

8. 围填海造成近海环境污染

海岸带生态系统可以通过滩涂的拦截、过滤、各种微生物的作用净化海水中的污染物质。海域自然属性的改变会使海岸带的干扰调节和废物处理等功能受损或完全消失。围填海不但改变了海岸的结构，减少了海湾海水的面积和容量，影响潮差、水流和海浪，还使海岸失去了补充氧气的天然资源，改变了现存的生物结构，给海岸生态环境带来严重的影响。一方面使海域的水体交换能力变差，纳潮量减少，造成港口、航道或锚地淤积，增加清淤费用；另一方面影响海湾的环境容量，削弱海域的废物处理能力，导致海水水质下降，影响海洋生物的生存和健康。香港维多利亚港海域填海活动造成污染物积累，加重了海洋环境污染，破坏了有价值的自然生态环境，2004 年 9 月更是由于填海挖泥在 1 周之内连发 5 次赤潮，海洋环境进一步恶化。

3.2.2　海砂开采

海砂是一种重要的矿产资源，是重要的工业原料和建筑材料。我国的海砂资源可分为海岸海砂和陆架海砂，从堆积体系来看，主要分布在海岸带、大陆架和近海岸[20]。20 世纪 90 年代以来，随着沿海各地围填海造地、港口建设等海岸工程的蓬勃发展，海砂的开采规模迅速扩大。人工海砂开采对海洋环境的影响主要包括：改变海洋水动力环境、加剧海岸侵蚀、破坏海洋生态平衡。

1. 改变海洋水动力环境

采砂使河床局部变形，打破了水沙运动的平衡。采砂坑对水流的作用类似于跌坎，相应地横向次生流和平面流场也被迫调整。水流流态变化引起溯源冲刷，进而导致河床全面调整，影响河床稳定。如果在采砂区内高强度开采海砂，将引起采砂区及临近区域水流及泥沙冲淤条件的剧烈变化，造成河床严重变形，航道淤积加重。

2. 加剧海岸侵蚀

大规模、不均衡的采砂会导致陆架或河床下切，加剧海岸侵蚀。人工海砂开采是辽东湾东部海岸侵蚀的主要原因。另外海砂滥采造成沙滩、滩涂等突然塌陷，危及堤防等水利工程及水利设施的安全。如山东蓬莱西庄事件，海砂开采极大地加速了海岸侵蚀的自然进程并最终酿成土地流失、村庄被毁的惨剧。据《2011 年中国海洋环境状况公报》统计，辽宁东西砂质海岸大部分遭受侵蚀，其中，六股河口至绥中南江屯岸段海岸侵蚀最为严重，侵蚀速率在 3.0～5.0m/a。侵蚀的主要原因是海上采砂的兴起，在绥中海岸又呈现出加剧趋势，尤其是在六股河口外海砂的大量开采，是海岸侵蚀加剧的主要原因。海砂开采造成的海岸侵蚀如图 3-3 所示。

（a）2006年7月　（b）2009年8月

（c）2011年8月　（d）2012年6月

图 3-3　绥中南江屯海岸侵蚀

3. 破坏海洋生态平衡

海砂开采量过大，而补给缓慢，造成海底底质进一步破坏，改变了海洋生物的生活环境，破坏海洋生态平衡，甚至会导致鱼类资源得不到及时补充，阻碍我国渔业的发展。

3.2.3　港口工程建设

港口是具有水陆联运设备和条件，供船舶安全进出和停泊的运输枢纽。最原始的港口是天然港口，随着我国海洋经济和航运业的发展，天然港口已不能满足经济发展的需要，从而开启了港口工程建设的新局面。港口工程的建设促进了我国海洋经济产业的快速发展，同时也改变了海岸线原有的基本属性。

1. 改变海岸线的基本属性

港口工程建设往往选址于海湾宽阔、海岸线曲折、坡陡的海岸。港口工程建设直接改变了海岸线的曲折度，也改变了海岸线的长度。分析著名港口的影像图（图 3-4），可发现港口工程建设改变了海岸线的稳定性，使海陆分界线向海推进。

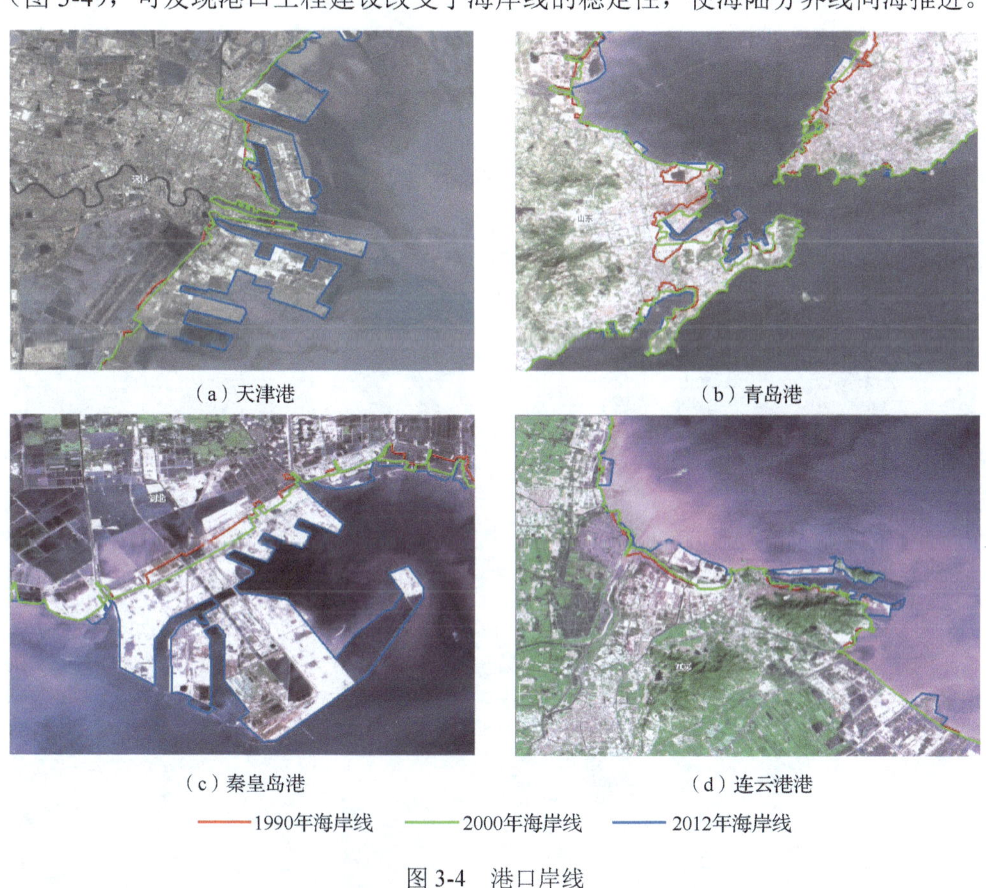

（a）天津港　（b）青岛港　（c）秦皇岛港　（d）连云港港

图 3-4　港口岸线

2. 对海洋水动力环境的影响

港口工程及其他突入海中的人工建筑物，如突堤码头、栈桥码头、伸向海中的防波堤及人工填筑区等，与其之间自然岸滩形成岬角港湾。在人工岬角处波浪辐聚，波能集中；在港湾处随着波浪辐散及水深变浅，波能扩散，波浪挟沙力亦有所降低，泥沙逐渐沉积，促使港湾处岸滩发育。

3. 对入海泥沙的拦截

河流入海泥沙为海滩形成的物质来源，突起在海洋中的码头、防波堤截断入海河流挟带的泥沙，影响海滩的发育。通常情况下，海滩来沙一侧海滩淤长，而另一侧除工程根部波影区可能淤积外，下游地区海滩则因沙源亏损而遭侵蚀。另外入海口泥沙的淤积，会堵塞航道，影响港口的航运功能。

3.2.4 河流改道

河流挟带的泥沙是海岸带形成的主要物质来源，如果人为地改变河道，会改变原有的海岸沉积环境。如 1976 年黄河主流由黄河三角洲北部经人工改道从黄河三角洲东侧流入莱州湾，对比黄河入海口的 6 期影像（图 3-5）发现，黄河经人工

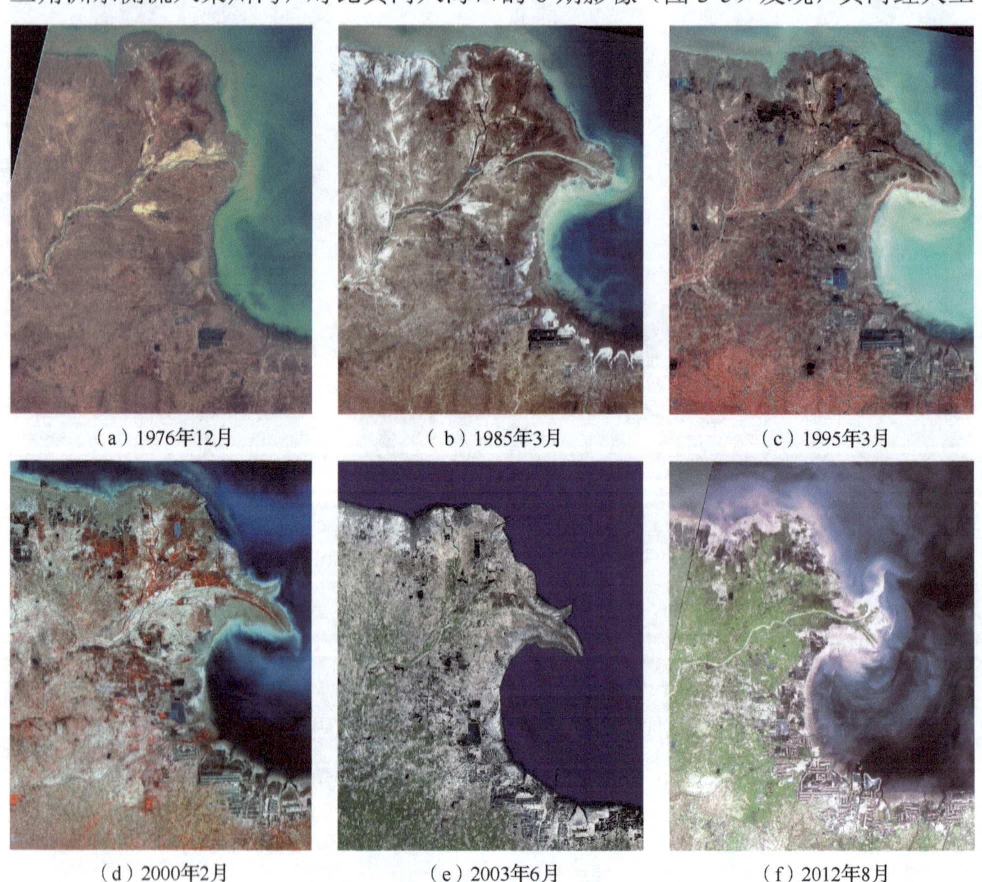

（a）1976年12月　（b）1985年3月　（c）1995年3月

（d）2000年2月　（e）2003年6月　（f）2012年8月

图 3-5　黄河三角洲历年影像对比分析

改道后，黄河三角洲北部地区出现了明显的蚀退现象，黄河入海水沙量呈现明显的减少趋势，导致黄河三角洲造陆速度有所降低。从2003年和2012年的影像明显看出，黄河入海口出现了分支现象，分支两侧的海岸淤积也出现明显差异，其中北支淤积速度较快，成陆面积大于南支，南支出现了轻微蚀退现象。

3.2.5　海滩植被及珊瑚礁的破坏和无序利用

生物海岸是一种特殊的海岸类型，在潮间带或潮下浅水区生长有相当规模的底栖生物群落，其生物过程通常体现为海岸线生产、积聚和保持沉积物质的能力，对海岸动力、沉积和地貌过程产生显著影响或成为海岸发育的主导因素[21]。典型的生物海岸包括红树林海岸和珊瑚礁海岸。这些生物岸线正遭受着人类无序开发利用活动的严重威胁和破坏，岸线长度和植被面积不断减少。

1. 红树林海岸

红树林海岸以其潮间带上半部生长茂密耐盐常绿乔木或灌木为基本特征，而转化性利用是导致红树林海岸遭受破坏的直接原因。转化性利用指的是清除红树林植被，把其滩涂改造成农田、盐场、城市建筑区、交通运输设置、围潭养殖和工业区等[22]。20世纪60年代至70年代中期，我国片面强调农业土地开发，实行大规模、有计划的围海造田，导致红树林遭受历史上最严重的直接破坏，如1983年海南岛红树林面积减少了52%。20世纪80年代以来片面追求经济效益，进行毁林围塘养殖或毁林供各种海岸工程建设，造成第二次红树林大规模破坏，如湛江通明海港湾滩涂区原分布大陆沿岸最集中、面积最大的红树林，80年代以来已开发成为大陆沿岸面积最大的滩涂海水养殖区。“我国近海海洋综合调查与评价”显示，与20世纪50年代相比，我国红树林面积减少了73%，由5.5万hm^2减至1.5万hm^2。1988～2000年，在经济利益的驱动下，福建省大量滩涂进行转化性利用，沿海滩涂共计围垦18196.54hm^2，使得红树林大面积减少。过度养殖抢占了大片红树林生存空间，也降低了红树林在维护和改善湿地生物多样性、抵御海潮、风浪等自然灾害方面的作用以及红树林湿地污水净化的功能，极易造成有机物污染和富营养化。同时，随着滩涂养殖业的发展，开辟蛏坪，蛏石林立，改变了原有岸滩的形态，使海湾淤积速率急剧上升[23]。

红树林海岸湿地生态系统中物产丰富，包括红树林本身产品、林内生物以及红树林河道内的河沙等。由于人口的不断增长，人们对资源的需求量不断增大，红树林区内人为活动日趋频繁。红树林周边居民不断到林内进行挖掘，这成为主要的经济手段，但是人们没有进行合理和可持续的开发，挖掘等活动破坏了红树林的根系，使红树林生长缓慢、矮化和稀疏化，有的甚至成片死亡。另外高频率挖掘和踩踏，容易踩死或毁坏红树林幼苗，使其自然更新受到较大影响，再有沿海居民喜欢在红树林湿地内放养牛羊，造成了林内的踩踏和林区红树林树叶和幼苗被啃食，严重破坏了红树林。在珠江口，除了福田红树林保护区外，许多原来遍布红树林的岸段如今已经难以找到成片的红树林，取而代之的是斑块分布的小面积红树林，多呈次生状态，残林比重增大，多样性也很低[24]。

此外，人们对红树林认知程度不断提高，加上红树林的独特景观，导致有关部门对红树林岸线资源的旅游开发力度不断加大，但一些不良的行为，造成了红树林岸线的改变。如旅游区内船舶的频繁来往，客运快艇马力大、速度快、航次频繁，产生的波浪远远超过潮汐，使得滩涂上的淤泥不断地被冲刷流失，造成靠近航道的红树林因根基不稳而死亡。例如，在福建九龙江口浮宫镇霞郭村红树林由于受到过往快艇引起的波浪冲击，根部外露，出现严重的退化现象，自 2000 年以来，该区域红树林后退了近 30m，这也直接导致了自然岸线的后退。

2. 珊瑚礁海岸

珊瑚礁海岸位于大潮低潮线以下的潮下浅海区。我国珊瑚礁有岸礁与环礁两大类。岸礁主要分布于海南岛和台湾岛，形成典型的珊瑚礁海岸。

澳大利亚研究理事会珊瑚礁研究中心和中国科学院南海海洋研究所 2012 年底发布的报告显示，此前 30 年，中国经济蓬勃发展，但沿海珊瑚礁出现惊人退化，锐减至 80%以上，破坏和流失规模触目惊心。报告提到，2012 年前的 10 到 15 年间，南海海域中的近海环礁和群岛珊瑚礁覆盖率已从平均 60%下降至 20%左右，珊瑚礁大规模缩小，主要是中国积极扩张经济所带来的沿岸开发、环境污染以及过度捕捞所致。

珊瑚礁的破坏主要发生在海南岛沿岸，包括生态破坏性开发和各种环境压力造成的生态系统衰退。由于活珊瑚含有的杂质较少，一些生产水泥的工厂将珊瑚礁作为石灰石的原料，在很多地区珊瑚礁被用作建筑材料，用来建房或者铺路，珊瑚礁还被用来修建养殖塘。这不仅破坏了生物栖息地、珊瑚景观的美学价值和渔业生产，而且会加剧海岸侵蚀。珊瑚生长缓慢，开采破坏后要恢复至原有的状态要用几十年、上百年甚至更长的时间。此外，珊瑚礁因其华贵的外表、多变的形状与色彩深受人们的喜爱，具有很高的观赏价值。近几十年来珊瑚礁大幅减少，使得珊瑚异常珍贵，尤其是一些珍稀品种，例如红珊瑚、金珊瑚、竹节珊瑚等。这些珍贵品种有的可以卖到几十万甚至上百万。珊瑚还具有巨大的医用价值，可以作为抗癌、抗菌、抗炎、治疗疱疹药品的原料，同时珊瑚也可用来进行骨头、牙齿等的移植或修复。一些不法分子看中了珊瑚礁的巨大价值，在利益驱使下，非法进行破坏性开采[25]。

过度捕鱼及破坏性捕鱼方式如炸鱼和毒鱼也造成了珊瑚礁海岸的严重退化。为了生存，渔民通常大量的捕鱼，但是不正确的捕鱼方式给珊瑚礁造成了毁灭性的破坏。敲击珊瑚礁会毁坏珊瑚的正常结构和功能，使用拖网拖鱼和炸药炸鱼，更会对珊瑚礁造成毁灭性的破坏。部分渔民为了眼前的利益经常采用一些极端的手段捕鱼，如使用氰化物等。他们把氰化物喷入珊瑚礁的裂缝，这些空隙处是鱼类的避难处。毒药的影响是多方面的，氰化物会毒晕成鱼，杀死大量的鱼卵和幼鱼，珊瑚礁也会因此而白化。此外，海水人工养殖珊瑚鱼类和贝类在我国南海地区越来越普遍，特别是人工养殖龙虾等。龙虾的幼苗从珊瑚礁海区采集，然后喂养在人工养殖塘中。珊瑚礁海区的底栖的无脊椎动物（如海星）和软体动物作为饵料而被大量捕捞。这样过度捕捞“饵料”不仅破坏了珊瑚礁区域的种群结构，而且降低了养殖业自身长期的经济利益[26]。

我国海南省的部分城市正大力发展海岸旅游，凭借南海珊瑚礁丰富的生物多样性以及廉价的旅游费用，吸引了世界各地大量的游客。和海岸旅游相关的活动如工艺品销售业、餐饮业、旅馆业等给沿岸城市和当地居民带来了可观的经济收入。但是近些年旅游的快速发展使得大部分的旅游景点都超过了其生态承载力。旅游业的发展在修建旅游设施和实施旅游的两个阶段都会对珊瑚礁造成影响。在早期的修建旅游设施阶段，危害包括平整土地、开采珊瑚作为建筑材料、挖掘供游艇航行的航道等。在旅游景点开始营运以后，旅游区内的污水、垃圾如果处理不当会污染近岸海洋环境，船舶在停泊点抛锚时会破坏珊瑚礁，游客划船、钓鱼活动和潜水旅游者对珊瑚礁的践踏和拾遗都会对珊瑚礁造成严重破坏。

以上经济活动都会造成珊瑚礁海岸生态系统失衡，陆地和港口活动造成的污染物的侵害，以及陆地水土流失和海底拖网导致的海水悬浮沉积物增加对珊瑚生长的干扰等，都使海南岛沿岸的珊瑚和珊瑚礁遭到了严重破坏和明显衰退。20世纪50年代以来，海南岛沿岸珊瑚礁破坏率达80%，并导致海岸侵蚀后退、水产资源衰竭、生态环境恶化等不良后果。

分布在近岸海底的海草床可以改善浅水水质，为许多生物提供生长环境和栖息地，能够抵抗波浪与潮汐，是保护海岸的天然屏障，对于生物海岸的维持具有重要的价值，但海草床也受到了人类活动的干扰。过度挖掘底栖生物导致海草地下茎和根死亡，使其丧失恢复能力；过于密集的近海网箱养殖导致海草床叶面上的沉积物层加厚，抑制了海草的光合作用，最终导致海草床呈现老化和退化的趋势。此外，围捕鱼类作业时践踏近岸海草，底拖式捕捞方式也会对海草床造成严重的破坏。

以上现象的发生，一方面与20世纪80年代以来整个沿海社会经济快速发展，人口趋海移动，海岸带开发活动急增，海岸带人口、资源、环境压力不断增大，对海岸生态关键区缺乏有效保护有关；另一方面由于人们对红树林、珊瑚礁价值极端低估，只注重直接经济价值，看不到（或不愿意考虑）其社会效益、生态效益与环境效益，一旦海岸带开发水平提高和开发压力增大，极易发生清除红树林或填埋珊瑚礁改作其他短期经济效益更显著的用途的事件。到目前为止，我国红树林、珊瑚礁生态系统的濒危势态尚未得到根本扭转，红树林、珊瑚礁海岸的管理和保护已成为全社会乃至全人类十分紧迫的任务。

第4章　海岸线利用与管理现状及防控建议

海岸线是海陆交接线，是我们开发利用海洋的桥头堡，也是我们保护海洋最主要的防线。在人口膨胀、资源短缺和生态环境问题日益突出的今天，随着海洋城市建设的加速推进，海岸带资源开发力度的不断加大，海岸与近岸海域承受的压力也日益加剧。由于开发不当，忽视保护，我国的海岸环境仍然处在一种不健康的发展状态。因此，为了使海岸资源得以有效地开发利用，尽可能地做到合理利用，我们必须珍惜每一寸海岸线，加强对海岸线的保护和管理。

4.1　我国海岸线保护和利用现状

海岸线所在地区是陆海相互作用最为强烈的地区，同时也是人类活动最为密集的地区，是陆地产业与海洋产业综合交织的地带，随着陆地产业与海洋产业的同步发展，日益成为区域经济社会发展的“脊梁”。来自陆海双方的力量共同塑造着海岸地区的自然环境。无论是海域的改变，或是陆域的改变，都能直接或间接地影响海岸地区环境的变化与海岸线的变迁。近些年来，我国海岸线保护和利用主要存在以下几个方面问题。

（1）重开发、轻保护，海岸线质量和生态功能下降。

沿海地区大规模布局化工园区，对近海环境造成了巨大的影响。由于沿海岸线地区的工业开发和城市化进程，造成各类污染物（含热废水及生活污水）大量排入大海。根据近年来浙江省发布的海洋环境质量公报，浙江近岸海域海水富营养化程度已非常严重，高居全国前列，污染较轻的一类海水基本不存在，而中度富营养化和严重富营养化海域面积接近浙江省全部近岸海域面积的70%，浙江大部分沿海海域污染较为严重[27]。此外，河流沿岸及上游而下的陆源污染，也会导致部分河口海域污染加重，海水水质下降，海洋生物生存环境遭到严重破坏。近岸海域生态环境的恶化，表现在近海和江河入海处的鱼、虾、蟹类洄游规律被破坏，导致生物资源锐减。虽然我国目前已经意识到了这个问题，但是对于污染排放控制、旅游行业管理等方面没有严格执行相关的保护要求和措施，导致污染状况不断加重，生物岸线不断减少，近海海域的生态质量和功能不断下降，形势不容乐观。

（2）海洋产业结构不合理，产业附加值低，海岸线利用效益不高。

我国在经历过几次大强度的围垦之后，海岸线资源逐渐减少，填海后的海岸线利用存在很多问题。在一些地区，已有的码头、港口利用率和集约化程度相对较低，一些条件较好的深水岸线不能得到合理的利用，造成了不必要的资源浪费，影响了资源效益的发挥。有些海岸线开发占用了不该占用的滨海土地资源，缺乏长远、合理的海滨资源储备，带来海滨岸线及空间资源超前利用而实际利用效率低下等一系列问题。这也对滨海城市的交通网络、海岸线景观以及城市整体格局产生了负面影响。例如，盐城市除了自然保护区、特殊用途、风力发电占用海岸线以外，大部分仍是传统种养业、盐业等，没有形成具有市场竞争力的主导产业，特别是海洋石油、滨海旅游、海洋生物工程、海洋水产品深加工等海洋高科技产业和新兴海洋产业所占比重较小，海岸线资源利用粗放，科技含量不高。海岸使用特色不明显，竞争力不强，缺少重特大项目[28]。而浙江省的海岸线利用也经常在同一地区出现功能定位矛盾，如滨海地区象山、三门和玉环等地，一方面要布点大型电厂，另一方面又要推进海洋生态旅游和海水养殖等。

（3）海岸线调查数据需进一步增强，海洋灾害的预警和应急响应能力缺乏。

我国 20 世纪进行的“全国海岸带与海洋资源综合调查”以现场勘查为主要工作方式，目前专项之海岸带调查工作，为我国海岸线数据提供极大的支撑。但遥感普查采用的 5m 或 10m 分辨率的多光谱遥感数据，较美国在内的发达国家精度还有一定的差距。由于资金和人力的限制，调查数据无法明确，也难以短周期的更新和修编[29]。另外，目前每年只对数据进行收集处理两次，难以准确地描述海岸线实时变化情况。

近些年来，我国各级海洋部门积极响应政府的号召，不断加强海洋灾害的预防预警工作。但是就目前应对突发性海洋灾害的现状来看，不仅和欧美发达国家对比存在很大差距，仅就我国地方和中央进行对比也有很大差距，如各地方海洋部门对突发性海洋灾害的监测和预警预报能力较为薄弱，不仅预测不及时，而且精确性不够，特别是对于一些新型海洋灾害无法进行预报预警。这些不符合我国沿海防灾减灾和经济发展的需要，因此，我国仍需不断完善突发性海洋灾害的防范体系，以应对气候变化的需求[30]。

（4）资源利用缺乏统一规划，造成资源浪费。

我国海岸线资源的开发利用缺乏统一规划，资源的开发利用大多以各地区、各行业、各部门自发组织进行，制定的功能区划，无法实现海岸线资源的合理优化配置。尤其跨省、跨市、跨区域的联合管理缺乏资源开发利用、治理保护、产业协调发展的总体规划和指导方针，造成行政执法上的分歧与纠纷。珊瑚和砂石采挖管理、旅游控制、典型生态区保护等很多涉及具体措施的管理内容没有被纳入体制的框架中，各种海岸线资源未得到有序、合理开发，区位整体优势难以发挥，影响了海岸线资源的永续利用。此外，海岸线的管理和保护是海洋局、国土资源部门、旅游管理部门、经济发展部门和各涉海有关企业的共同任务，因此在沟通和制度上的分歧也会影响最终管理的有效性。

4.2　现行政策及管理措施梳理

针对开发利用海岸线出现的问题，我国沿海各省（区、市）（不包括台湾，全书同）采取了各种各样的措施来保护和修复海岸线，以维持海岸的良好状况。本章梳理如下。

（1）《海岸线保护与利用管理办法》出台。

2017 年 1 月，国家海洋局印发《海岸线保护与利用管理办法》（国海发〔2017〕2 号），这是海洋领域全面贯彻落实中央深化改革任务、加强海洋生态文明建设的重大举措，是坚持五个发展理念、推动沿海地区社会经济可持续发展的必然要求，为依法治海、生态管海，实现自然岸线保有率管控目标，构建科学合理的自然岸线格局提供了重要依据。

《海岸线保护与利用管理办法》强化了海岸线保护的硬举措。一是实行分类保护，根据海岸线自然资源条件和开发程度，将海岸线分为严格保护、限制开发和优化利用三类，并提出了分类管控要求，其中严格保护海岸线要按照生态保护红线的有关要求划定；二是制定管控计划，为全面落实大陆自然岸线保有率不低于

35%的管控目标，省级海洋行政主管部门制定本省自然岸线保护与利用的管控年度计划，并将任务分解落实；三是加强规划管控，编制省级海岸线保护与利用规划，报省级人民政府批准后实施，涉及海岸线保护与利用的相关规划应落实自然岸线保有率的管理要求。

（2）辽宁制定首个海岸带保护和利用的规划。

2013 年 6 月，《辽宁海岸带保护和利用规划》正式出台。这是我国有关海岸带保护和利用的首个规划，也标志着辽宁沿海经济带从以开发为主迈向开发和保护并重的新阶段，这个规划对于海岸线保护的价值十分重大。

（3）山东省设定最低自然岸线保有率。

2012 年批复的《山东省海洋功能区划（2011—2020 年）》要求在全省开展海域海岸带整治修复，完成整治和修复海岸线长度不少于 240km，使得大陆自然岸线保有率不低于 40%。《青岛市海洋环境保护规定》于 2010 年施行，规定要求严格控制环湾涉海项目审批，严格保护环湾近海岸线和滨海湿地、植被、礁石等自然资源，禁止一切破坏和擅自改变海岸线的行为；2012 年又正式确定了胶州湾保护控制线的范围。2009 年起，山东日照启动了阳光海岸整治工程，对海岸带进行保护和整治，丰富植被，保护和恢复沙滩、雕石、湿地等原始生态环境。山东烟台也非常重视海岸线保护，对海岸线周边建筑的高度、视野遮挡等方面都有严格限制，同时将海岸线修复工程与滨海旅游度假相结合，争取实现海岸生态资源可持续发展。

（4）江苏省保护与开发并重。

在海岸开发中坚守保护与开发并重的理念，已经成为江苏省沿海三市共同的认识和行动。连云港市为保护海洋将进一步完善市县联动、政企联动治污机制，建立健全污染治理专家库，及时为企业提供治污技术服务。此外，还将与上游日照和周边的盐城、南通等沿海城市保持环保业务上的密切联系，通过制定和落实区域环保协作机制，共同营造近岸海洋环保的大环境。盐城在海岸开发中进行主体功能分区，通过设置禁止开发区、限制开发区、重点开发区和优化开发区，有层次地开展海岸利用和保护。南通则建立了江苏第一个海洋生态环境预警机制，建设了江苏第一个国家级海洋特别保护区——蛎蚜山牡蛎礁海洋特别保护区，建立了江苏第一个入海排污在线监测系统。这些措施使得三市近岸生态系统得到优化，海岸线资源得到保护，生态环境不断提升，为海洋经济的持续协调快速发展奠定了基础。

（5）浙江省实施海岸线资源有偿使用政策。

浙江省早在 2002 年就制定了建设绿色浙江的目标。2007 年 10 月 1 日，《浙江省港口管理条例》正式实施，这意味着为了保护和合理开发海岸线资源，海岸线资源将不再是“免费午餐”，港口岸线将实行有偿使用。截至目前，浙江省已开展包括宁波市象山县檀头山岛、象山县石浦港海域海岸带、象山县松兰山海岸带、象山县爵溪街道下沙及大岙沙滩修复在内的多个项目，大规模海洋生态建设项目的实施，将极大地改善浙江近海生态环境，并为抵御海洋灾害的发生起到很好的缓冲和屏障作用，使海岸线得到整治修复与保护。

（6）福建省杜绝圈占岸线，确保自然岸线保有率不低于 70%。

福建省 2012 年《关于我省海域使用管理工作情况报告》中称将杜绝圈占岸线等行为，确保福建全省保留的自然岸线比例不低于 70%。此外，相关部门还积极开展《海岸线保护利用规划》编制工作，促进自然岸线资源集约节约利用，加快实施重点海域海岛海岸带整治修复和滨海沙滩保护修复，加大对地方政府开展重点海域、沙滩等环境综合整治和生态修复示范的支持；开展重点用海项目和重要岸段实时跟踪监测。在福建省泉州湾北岸，崇武至秀涂海岸带被誉为中国“八大最美的海岸线之一”，惠安县 2010～2012 年投资 1.4 亿元对此岸线开展为期三年的海岸带保护整治工作，完成了崇武至秀涂海边“两违”搭盖拆除、打击非法采沙、消退滩涂养殖、修复加固海堤、补植沿海防风林、拆解废弃船舶、渔港改造、溪流整治、沙滩旅游环境整治、沿海景观绿化美化以及沿线村庄垃圾和海漂垃圾清理等一系列整治保护工作，一批渔港、溪流、污水处理、海岸线景观整治建设项目相继完成，取得较好整治保护效果，海岸线景观质量大大提升。

（7）广东省深圳市采取九项措施，加强海岸线和海洋资源的保护力度。

从 2007 年开始，广东省深圳市采取九项措施进一步加大对海岸线和海洋资源的保护力度：一是开展海洋资源承载力研究，为制定海洋资源利用与保护政策措施提供科学依据；二是加强海岸线与海域资源管理，实现资源利用效能最大化；

三是大力开展近岸海域水环境综合治理；四是以项目为依托，严格审查、审批海洋工程项目，科学规划和实施填海工程；五是加快海洋管理设施建设，提升海洋环境监测、海域监视能力；六是加快推进海洋管理立法及发展规划工作；七是建立完善海洋灾害应急机制，提升对海上突发性污染事故和自然灾害的防控能力；八是继续抓好海洋与渔业资源修复工作；九是加大海洋管理和科研项目投入，提高行政管理效率和服务工作质量。2012年底，为建设世界级滨海生态旅游度假区，深圳市大鹏新区有计划地全面开展生态修复工作。对于大鹏新区海岸线具体采取的修护措施，将实行生态灾害的综合防治，通过对山体破坏、裸露边坡、林相单一、生态效率较低等情况进行生态修复，重建结构更加稳定、效益更加优化的生态系统，彰显新区“山海”生态景观特色，实现海岸资源的可持续发展利用。

（8）海南省首提生态省建设出台海岸保护措施。

海南省在积极发展旅游经济的同时认真做好生态保护工作，探索海岸线可持续发展之路。龙珠湾重现红树林就是海南近年来不断加强海岸生态环境保护的一个缩影。海南省政府一直高度重视海岸生态保护工作，在全国首提生态省建设，提出一系列海岸保护政策的出台，从多个海岸、海洋保护区的设立再到诸多海岸开发项目对生态保护的不遗余力，都可以看出海南的经济发展思路——在生态保护中加快发展，在发展中更好地保护生态。海南省一直力图从法制途径入手，摸索海岸生态保护最好的路径。1998年，海南在全国率先制定了专门的珊瑚礁保护规定；随着沿海旅游开发力度不断加强，又于2009年再次修订。2009年度海南海洋环境状况公报显示，海南岛近岸大部分区域珊瑚礁生态系统基本保持其自然属性，生物多样性及生态系统结构相对稳定。海南省人民代表大会常务委员会为生态省建设先后制定的24项涉及生态环保的地方性法规，为海岸带生态保护构建了一个良好的宏观体系环境。此外，海南省还不断加快包括自然保护区在内的生态功能区的建设，2014年国家环保部公布的海南岛自然保护区名录发现，海南省已有自然保护区69个，其中海南岛海岸带区域共32个，总面积为1.38万hm^2，约占海南岛区域保护区面积的35.7%。与此同时，《海南省生态功能区划》所列四大重要生态功能区中，2个位于海岸带地区，即东南部海岸带生物多样性保护重要区域和海南岛海岸带保护重要区域，合计总面积达 1.35 万 km^2。区划规定该区担负的重任是：保护海洋资源、森林资源、湿地资源、生物物种和自然历史遗迹。这类海岸带的保护，对于海南建设国际旅游岛的可持续发展尤为重要，核心部分是永久不能开发的。

4.3　海岸线防控建议

海岸线不仅提供港口岸线资源，还为我们提供了美丽的岸线自然生态景观，其保护与利用不仅关乎沿海城市及其港口腹地的发展，还影响着海洋生态环境的安全，因此，探讨如何更好地对海岸线进行科学保护和开发利用具有重要意义。岸线资源是国民经济发展的战略性资源，更是沿海城市赖以生存发展的优势资源。岸线使用和审批应该本着开发与保护并重的原则，针对现行政策的不足，参考山东省海洋功能区划修编中围填海专题分析，借鉴原国家海洋局海域司司长关于“中国围填海的发展与管理”的讲话内容，本节提出以下防控建议。

（1）严格遵循海洋功能顺序开发和规划产业项目，加强环境保护和管理。

严格按照岸线使用的海洋功能顺序审批项目，依次为港口、航运、海洋油气开发、防潮排涝、滨海旅游、养殖等，引导产业向陆域纵深发展。合理规划产业项目，加强海岸线及近岸海域的环境保护和管理[31]，具体包括：①临海产业项目安排要严格遵循陆海一体化、区域经济协调化、海洋开发健康化、经济效益和社会效益同步化、开发与开放相结合的原则；②完善海域使用管理三项基本制度，严格审批海洋工程及工程建设项目，严格限制污染项目在重点海域沿岸的建设；③加快沿海城镇污水处理工程建设，控制工业、农业、生活等陆源污染物排放量，实行入海污染物总量控制制度；④倡导临海及滩涂科学养殖，实现生态养殖，控制养殖密度，降低自身污染。强化海岸线及近岸海域常规监测监视措施，定期组织开展入海河口、石油勘探开发区、港口航运区、典型海洋生态脆弱区等重要海域专项环境监测，保护海洋生态资源和生态环境。

（2）严控填海面积，合理引导填海后产业发展。

严控填海面积，划定功能区划界限，规定海洋养殖功能区、海洋保护区的面积及污水达标率，严惩违建及扩建行为[32]；制定必须保留的产业用地和环保指标，加强生态环境保护；引导填海后产业发展，提倡发展战略型新兴产业如海水综合利用、海洋新能源、海洋医药等；改变海岸围垦方式，尽量减少截弯取直，易采取离岸式等填海方式，尽量减少海岸自然景观与近岸海域生态环境破坏，不改变海洋水动力条件平衡，不损害海域功能，不改变海岸的自然属性。

（3）优化滨海产业结构，实现生态开发，提高海洋产业竞争力。

目前滨海产业结果多为传统养殖业、盐业等，没有市场竞争力的主导产业，产品多以销售原料为主，深加工产品较少，产品附加值低，影响整体效益提高。坚持在保护中开发、在开发中保护，积极创新开发模式，大力发展循环经济。加快对盐业等传统产业的调整；在新上项目和接受产业转移中，严格控制污染企业向沿海园区转移；大力发展以港口、物流、新能源、生态化工为特色的海洋新兴产业，集约利用海岸线资源，提高科技含量；加快发展以湿地生态游为品牌的滨海旅游业；利用沿海土地资源和生态环境优势，积极发展高效、生态、外向型现代农业，加快建设农产品出口基地和生态农业基地。

（4）加强海洋环境监视监测，提高海洋灾害的预警能力和应急响应能力。

目前，我国海洋环境监测已形成了“卫星、航空遥感和海上监测网、站结合”的全方位监控、多要素监测的立体监测系统，海域使用管理也建立了“海域监视监测网”，这些为海岸线的管理奠定了良好的基础。在此基础上，海岸线的管理应运用数字化、可视化、网络化的信息表达方式，建立专门的海岸线动态监测网，对海岸线实行全方位的监视监测，准确掌握我国海岸线现状及动态变化趋势，增强海岸线管理能力，为国民经济发展、国防军事建设、海洋综合管理提供全面的、多层次的海岸线信息共享服务。还要大力开展海洋灾害预警技术研究，建立海洋观测数据可视化平台，提高海洋灾害信息服务能力建设，建立海洋灾害风险评估体系，以 GIS 与大比例尺近岸基础地理信息、高分辨率遥感影像和历史海洋灾害资料为基础，研制大比例尺海洋风暴潮灾害风险图和应急疏散图，提高海洋灾害的预警能力和应急响应能力。

（5）尽快制定海岸线保护和利用规划。

在深入调查研究的基础上，根据海洋功能区划和毗邻陆域的土地利用规划，统筹考虑各个岸线的基本情况，科学合理地制定海岸线利用和保护规划，指导海岸线保护利用管理工作。制定海岸线保护和利用年度计划，结合各地区海岸线条件和社会经济发展需求，合理确定不同地区海岸线利用年度控制数，实行海岸线利用年度总量控制制度。为了保护海岸线的安全，禁止对靠近岸线的某种利用，应建立海岸退缩线，海岸退缩线向海一侧不允许有任何建筑物，以避免海水侵蚀和破坏，保护生态功能和海岸景观。

（6）海岸带立法和海岸线管理程序。

海岸带兼具海陆双重特性，任何单一的海洋或陆地法律都不能充分照顾到海岸带本身的特殊性，所以需要对海岸带管理立法，做到有法可依。解决海洋开发活动中出现的破坏海岸线的诸多问题，关键是全面整治、综合治理。而要保证综合整治，依据是不断完善海洋法律。因此，应尽快制定一部海岸线管理的法律，作为综合管理海岸，建立保护、开发及海岸防护与防灾的法制基础，保证海岸环境及开发的持续利用，使海岸线管理与保护逐渐步入法制轨道。

进一步健全和完善海岸线综合管理体制，实行海陆一体化管理。加强海岸线综合管理的基本目的是保证海岸环境的健康和海岸线资源的可持续利用。建立海岸线综合管理协调机制，通过全面、统一的管理来协调和解决海岸线利用中的问题。重点突出以下三方面的管理协调职能：一是海岸线开发利用管理的协调机制；二是海岸线规划管理的协调机制；三是海岸执法的协调机制。

（7）严格海岸线管理，建立生态补偿机制，实现海岸线可持续利用。

大力宣传《中华人民共和国海域使用管理法》，严格执行海洋功能区划制度，制订和完善有关海岸线资源、滩涂湿地资源保护、利用等方面的规章制度；加强对海岸线资源管理的领导和协调，保证岸线有序、有偿、有度使用；海岸线利用必须按照控制性规划要求，实行总量控制，分期实施，严禁多占少用、占而不用；加大执法力度，对违反海洋功能区划、海岸线控制性规划擅自批准海岸线使用的，予以严厉处理。海洋行政主管部门应充分发挥在海洋生态补偿机制中的主导作用，从填海项目管理、利益群体间矛盾化解以及生态补偿资金征收与监管等方面建立海洋生态补偿管理规范化制度；通过加强对填海项目状态的实时监控和协调不同利益群体间可能产生的矛盾，建立健全海洋生态补偿金使用绩效考核评估制度，使海洋生态补偿资金更好地发挥生态保护的效用[33]。

（8）加强自然保护区管护，采用生态修复手段，维持生物岸线。

对于生物岸线的破坏，主要采取生态恢复的手段，即通过人工的方法，参照自然规律，创造良好的环境，恢复天然的生态系统，主要是重新创造、引导或加速自然演化过程。对于破坏严重的生物岸线，我国已经在周边区域建立起了红树林、珊瑚礁等自然保护区。为了达到生态修复的目的，可以在红树林保护区内广泛开展生态恢复工程，不断扩大保护区的面积，而红树林的建设又成为保护珊瑚礁的重要部分。珊瑚礁海岸的修复应该主要通过珊瑚移植、人工造礁、底质稳固、幼体附着等方式完成[34]。

二、技 术 篇

以遥感监测技术手段为主，探索海岸线遥感解译与分类的方法，建立海岸线遥感特征库，综合分析与评价海岸线的自然属性变迁、综合利用格局、资源脆弱性及可利用潜力和未来变化趋势。

第 5 章　海岸线遥感解译与分类方法

5.1　海岸线遥感解译

5.1.1　数据源

随着全国海域动态监视监测业务化工作的开展，各类遥感影像、基础信息和海域管理等数据大量汇集，对数据信息提取、数据挖掘和统计分析的需求更加紧迫，并且从海洋综合管理需求的升华出发，需要针对各类资源开发利用的时空演变及可持续利用进行深入分析。

本章海岸线评价分析报告内共选择了 1990 年、2000 年、2002 年及 2007～2012 年九个时期的我国海岸带遥感影像数据（表 5-1），展开海岸线信息提取工作，并进行综合性分析与评价，展示我国海岸线历史变迁过程与现状。

表 5-1　九期遥感数据详细介绍

年份	时间/月	遥感数据类型	空间分辨率/m	景数/景
1990	9～11	Landsat TM	30	12
2000	9～11	Landsat ETM+	30	12
2002	9～11	Landsat TM	30	58
2007	9～11	Landsat TM	30	54
2008	9～11	Landsat TM	30	52
2009	9～11	HJ-1A	30	34
2010	9～11	HJ-1A	30	42
2011	9～11	HJ-1A	30	56
2012	9～11	HJ-1A	30	51

因此次研究时间范围跨越 22 年，跨度比较大，而且卫星和气候等原因，造成不同时期的遥感影像质量和精度不均衡，所以必须对所选取的影像数据进行统一标准化预处理，以便后期在其基础上提取的结果一致化，将数据源头的误差降到最低。对影像的预处理主要采用以下步骤：①采用尺度不变特征变换（scale-invariant

feature transform，SIFT）算子的多源影像匹配算法对影像进行配准；②因海岸带遥感影像存在大面积水域，难以找到控制点，同时为了减少外业测量的工作量，采用稀少控制点影像几何校正技术达到低精度遥感影像几何校正的目的；③将传统的 HIS（H-色调，I-强度，S-饱和度）算法进行改进，使其应用于高光谱和多光谱影像的融合，并实现海岸带影像自动匀色与镶嵌技术。通过上面三个步骤的实施，完成对所选影像的配准、校正、匀色和镶嵌等统一标准化处理。

5.1.2　解译方法

根据大尺度的空间和大跨度的时间特征，以及所选择的遥感影像自身质量与精度的限制，此次未对海岛岸线进行提取分析，从地理范围上看，此次海岸线（即瞬时海陆分界线）提取的范围包括我国大陆地区和海南岛，不含台湾岛、香港和澳门，本书中统称为大陆海岸线。

由于本次提取空间尺度大，空间提取工作量较大，因此采用基于海岸特征结合图像处理技术对海岸线进行判读解译的方法，提取卫星拍摄的瞬时大陆海岸线，但遥感影像质量对此方法提取结果有一定影响，由提取结果测算，本次提取的误差范围约在±30m。

我们将预处理后的影像采用色差 Canny 算子技术实现海岸线的自动提取[35]，主要包括以下三步。

1. 色差 Canny 算子

色差 Canny（color difference Canny，CDC）算子通过像素之间的颜色梯度（色差）来检测边缘，在像素 8 个邻域内，计算 x 方向、y 方向、135°方向和 45°方向一阶偏导数有限差分来确定像素幅值。色差 Canny 算子的数学表示如下。

x 方向色差：

$$D_x[i,j] = \mathrm{CD}(I[i+1,j], i-1, j) \tag{5-1}$$

y 方向色差：

$$D_y[i,j] = \mathrm{CD}(I[i,j+1], i, j-1) \tag{5-2}$$

135°方向色差：

$$D_{135°}[i,j] = \mathrm{CD}(I[i+1,j+1], I[i-1,j-1]) \tag{5-3}$$

45°方向色差：

$$D_{45^\circ}[i,j]=\mathrm{CD}(I[i-1,j+1],I[i+1,j-1]) \tag{5-4}$$

$$\mathrm{CD}(A,B)=((L_A-L_B)^2+(A_A-A_B)^2+(B_A-B_B)^2)^{1/2} \tag{5-5}$$

式中，CD(A, B)是像素点 A 与像素点 B 之间的色差。

像素的色差幅值和色差方向用直角坐标到极坐标的坐标转化公式来计算，用二阶范数来计算色差幅值：

$$\mathrm{CDC}[i,j]=\sqrt{D_x[i,j]^2+D_y[i,j]^2+D_{135^\circ}[i,j]^2+D_{45^\circ}[i,j]^2} \tag{5-6}$$

色差方向为

$$\theta[i,j]=\arctan(D_y[i,j]/D_x[i,j]) \tag{5-7}$$

2. 自适应地计算动态阈值

将整幅图像分割为若干子图像，为了使轮廓连续，可以令子图像之间有一定的重叠区域，计算重叠区域占子图像的比例参数，再根据非极大值抑制后的结果自适应地设定各子图像的高、低阈值，其计算公式为

$$\tau_{\mathrm{high}}=(1-\beta)\tau_{\mathrm{H}}+\beta\tau_{\mathrm{h}} \tag{5-8}$$

$$\tau_{\mathrm{low}}=(1-\beta)\tau_{\mathrm{L}}+\beta\tau_{\mathrm{l}} \tag{5-9}$$

式中，τ_{H} 和 τ_{L} 为整幅图像的全局高、低阈值；τ_{h} 和 τ_{l} 为子图像区域局部高、低阈值；$0<\beta<1$ 为阈值调整率。若$\beta=0$，表示不调整；若$\beta=1$，则表示完全按子图像局部特征进行分割。

3. 边界跟踪生成海岸线

以整幅图像中某一像素的色差幅值高于高阈值的点作为起始点开始跟踪，将该像素 8 个邻域内有其他色差幅值高于高阈值的邻域像素设为边缘，并以此像素为起点继续跟踪；如果像素点周围没有高于高阈值的像素，在 8 个邻域内寻找色差幅值高于低阈值的像素，将其作为起点继续跟踪，直到找不到边缘和起点时，则相同色差幅值的像素连接成为轮廓，轮廓上的拐点即轮廓端点。通过检查模板判断边缘是否连通，如果是孤立点噪声，则将其剔除，最后将分界线提取进行精处理。

5.2　海岸线分类

本节将介绍两种海岸线分类方法：一种是常规分类法，另一种是基于海域使用综合管理的分类法。

5.2.1　常规海岸线分类

根据海岸特征结构分析与实际解译判读情况，参照《海域使用分类体系》（2008年）的分类标准[36]，通常将大陆海岸线划分为3个一级类和9个二级类。一级类包含：自然岸线、人工岸线和河口岸线。其中，自然岸线中包括基岩岸线、砂质岸线、粉砂淤泥质岸线和生物岸线；人工岸线包括岸线防护工程、交通运输工程、围池堤坝和填海造地（表5-2）。

表5-2　常规大陆海岸线类型划分

一级编码	一级名称	二级编码	二级名称
1	自然岸线	11	基岩岸线
		12	砂质岸线
		13	粉砂淤泥质岸线
		14	生物岸线
2	人工岸线	21	岸线防护工程
		22	交通运输工程
		23	围池堤坝
		24	填海造地
3	河口岸线	—	—

注：“—”表示无二级分类

5.2.2　基于海域使用综合管理的海岸线划定与分类探讨

海岸线是海洋与陆地的分界线，从地理学中的实体概念来看，具有位置、形态、特征、演化等几何和物理属性。由于潮汐和风暴潮等影响，以及人类用海活动对海陆空间形态的改变，事实上海水与陆地的分界时刻处于变化之中。因此，海岸线应该是高低潮间无数条海陆分界线的集合，在空间上是一个条带[37]。目前，海岸线的定义主要围绕海面潮位线的高低，从自然地理学、测绘学和政治领域三个方面进行不同的界定[38]，而岸线分类标准多数从海岸线自然属性、海岸底质与空间形态和海岸线开发用途角度进行划分。

随着海域使用综合管理、海岸线保护与利用、自然岸线管控等工作的开展，海岸线的界定与分类标准是其综合管理的基础依据。本节根据海域使用综合管理的内涵，基于海域使用和生态演替角度，进行海岸线划定与分类探讨，以期为海岸线资源综合管控提供参考依据。

1. 海岸线划定

海岸线受自然和人为因素的影响，处于动态变化过程中[39]。从海域使用和海域空间资源动态监测角度出发，为了展现海岸线长时间序列的动态变化过程，以及满足海域使用管理和各项研究的需求，本节将海陆分界条带划分为自然形态和人工形态两个区块，并分别划定了 3 条和 2 条区块内部分界线，可两两组合为 6 条岸线（图 5-1），以供多方面的需求。

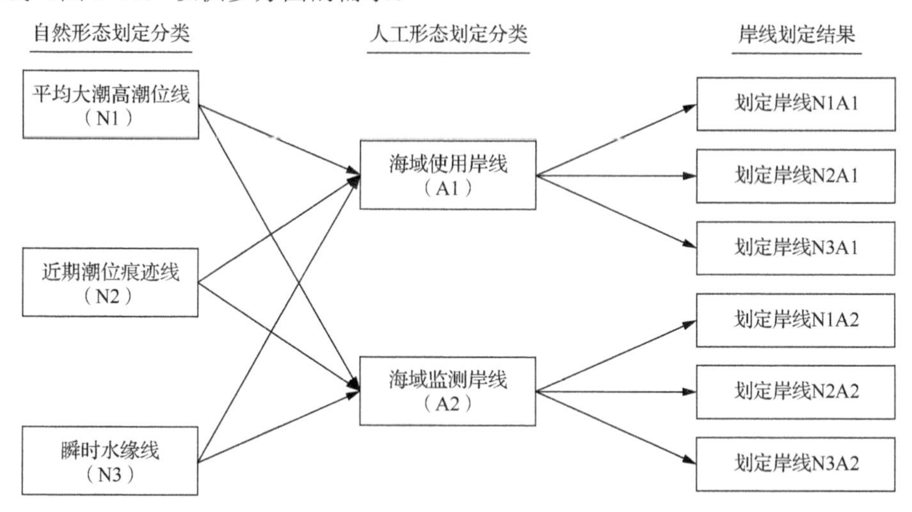

图 5-1　基于空间资源动态监测角度的海岸线划定分类

在自然形态区块中，划定了平均大潮高潮位线（N1）、近期潮位痕迹线（N2）、瞬时水缘线（N3）三条分界线。平均大潮高潮位线是指平均大潮高潮时的海陆分界线的痕迹线，通常根据当地的海蚀阶地、海滩堆积物或海滨植物确定[40,41]，可以理解为海水能够到达的上限；近期潮位痕迹线是指短期或近期内大潮和高潮共同作用而产生的痕迹线，其成因是潮高加波浪上升而产生的海浪冲蚀、潮流冲刷、水体浮力等，形成的海蚀阶地和海滩堆积物痕迹线，可以理解为海水近期到达的上限；瞬时水缘线是指某一时刻的潮位线，也可以理解为某一时刻的水陆分界线[42]。

在人工形态区块中，划定了海域使用岸线（A1）和海域监测岸线（A2）两条分界线。海域使用岸线即现状围填海界线，是指海域使用工程界线中，切除构筑物以后的岸线；海域监测岸线即《海域使用分类》（HY/T 123—2009）[43]中的有效岸线，是指在海域使用岸线中，切除围海工程部分的界线。

2. 基于海域使用角度的海岸线分类

从海洋资源开发与综合管理的核心内容，以及为海域使用管理与开发利用规划提供决策服务的角度出发，依据海岸线毗邻海域的用途[44]，可将海岸线划分为渔业岸线、工业岸线、交通运输岸线、旅游娱乐岸线、海底工程岸线、排污倾倒岸线、造地工程岸线、特殊用途岸线和未利用岸线 9 个一级类、29 个二级类（表 5-3）。

表 5-3　基于海域使用角度的海岸线分类

一级类	一级编码	二级类	二级编码	功能用途
渔业岸线	A1	渔业基础设施岸线	A101	渔业码头、港口、港池、引桥、堤坝、渔港航道、附属的仓储地、取排水口等
		围海养殖岸线	A102	封闭或半封闭式养殖
工业岸线	A2	盐业岸线	A201	盐田、盐田取排水口、蓄水池、盐业码头、引桥及港池等
		固体矿产岸线	A202	开采海砂及其他固体矿产资源
		油气开采岸线	A203	石油平台、油气开采用栈桥、浮式储油装置、输油管道、油气开采用人工岛及其连陆或连岛道路等
		船舶工业岸线	A204	船厂的厂区、码头、引桥、平台、船坞、滑道、堤坝、港池及其他设施等
		电力工业岸线	A205	电厂、核电站、风电场、潮汐及波浪发电站等
		海水综合利用岸线	A206	海水淡化厂、制碱厂及其他海水综合利用工厂的厂区以及取排水口、蓄水池及沉淀池等
		其他工业岸线	A207	水产品加工厂、化工厂、钢铁厂等的厂区以及企业专用码头、引桥、平台、港池、堤坝、取排水口、蓄水池及沉淀池等

续表

一级类	一级编码	二级类	二级编码	功能用途
交通运输岸线	A3	港口码头岸线	A301	港口码头、引桥、平台、港池、堤坝及堆场等
		路桥岸线	A302	跨海桥梁、跨海和顺岸道路等及其附属设施
旅游娱乐岸线	A4	景观绿化岸线	A401	植被、花园、园区道路、木栈道等
		景观建筑岸线	A402	亭子、走廊、门楼、平台等设施
		浴场岸线	A403	游人游泳、嬉水等
		游乐场岸线	A404	游艇、帆板、冲浪、潜水、水下观光及垂钓等
海底工程岸线	A5	海底工程岸线	A500	海底隧道出口、通风竖井等
排污倾倒岸线	A6	排污倾倒岸线	A600	排污口、排污管道等
造地工程岸线	A7	城镇建设岸线	A701	城镇、工业园区建设
		农业填海造地岸线	A702	农、林、牧业生产
		废弃物处置填海造地岸线	A703	处置工业废渣、城市建筑垃圾、生活垃圾及疏浚物等
特殊用途岸线	A8	科研教学岸线	A801	科学研究、试验及教学活动
		军事岸线	A802	军事设施和开展军事活动
		海洋保护区岸线	A803	自然保护区、特别保护区、其他类型保护区等
		海岸防护工程岸线	A804	防潮堤、防波堤、护坡、挡浪墙等
未利用岸线	A9	基岩岸线	A901	—
		砂质岸线	A902	—
		淤泥质岸线	A903	—
		生物岸线	A904	—
		河口岸线	A905	—

3. 基于生态演替角度的海岸线分类

从生态学上来看，生态系统演替的原因分为内因和外因，内因演替是一个漫长的进程，而外因演替是一个突发或短期的快速演替进程。对于海域使用综合管理和海域使用岸线变迁研究，更多关注的是一段时期内人为外因主导因素下海岸线自然属性改变的阶段特征，因此，作者根据自然生态系统演替不同阶段的系统结构和功能特征，将海岸线划分为原生自然岸线、伴生自然岸线、人工岸线、再生自然岸线四类（表 5-4）。生态系统是动态变化的，一直处于不断的发展、变化和演替中，根据海岸线的自然地理特性和正反生态演替方向，加入时间影响因素，其生态演替过程是一个环状结构。

表 5-4　基于生态演替角度的海岸线分类

分类名称	分类编码	系统结构与功能	功能样例
原生自然岸线	B1	自然生态系统	基岩岸段、自然砂质岸段、自然淤积滩涂岸段、原生生物岸线等
伴生自然岸线	B2	自然与人工协同存在，自然生态功能为主导，人工保护功能为辅助	海洋保护区、滨海湿地、自然沙滩浴场等内部的防潮堤、防波堤、护坡、挡浪墙等构筑物
人工岸线	B3	人工生态系统	工业、城镇、产业园区等
再生自然岸线	B4	人为改造形成的自然生态系统，保留有人为活动痕迹	人工滨海湿地、人工沙滩、人工保育海堤植被等

（1）原生自然岸线。指由自然界本身形成，保持自然生态功能特征的自然岸线，并且生态系统结构和功能演替序列，未直接受到人为因素而改变形态与属性。例如，基岩岸段、自然砂质岸段、自然淤积滩涂岸段、原生生物岸线等。

（2）伴生自然岸线。指在原生自然岸线基础上，伴随着以生态保护、旅游娱乐、海岸防护等为目的的人为活动痕迹特征，自然与人工功能特征协同存在，生态系统结构和功能演替序列受到轻微影响，仍然保持自然生态功能特征的岸线。例如，海洋保护区、滨海湿地、自然沙滩浴场等内部的防潮堤、防波堤、护坡、挡浪墙等构筑物所使用的岸线。

（3）人工岸线。指在伴生自然岸线基础上，人为活动改变岸线的自然形态和属性，形成的人工特征岸线，已严重影响生态系统结构和功能演替序列，自然生态功能特征受损或已消失。例如，工业、城镇、产业园区等建设所使用的岸线。

（4）再生自然岸线。指人为外因或自然内因引导生态系统结构和功能演替，修复受损或已消失的自然生态功能特征，恢复或再生自然岸线形态与功能，形成自然生态功能特征的岸线，也可以理解为具有自然生态功能的人工岸线。例如，人工滨海湿地、人工沙滩、人工保育海堤植被等所使用的岸线。

4. 分类关联性分析

为了满足多角度、多条件的海岸线统计与分析，有必要将两种岸线分类进行关联，遵循排他性、生态结构、公众亲海等原则，区分自然与人工岸线，建立对应关联分析表（表 5-5）。海岸线自然属性的变化受多种因素的影响，随着时间的推移，其关联关系并非绝对的，仅表示某一时间的现状关联。

表 5-5　两级分类关联性分析

一级类	二级类	关联关系
渔业岸线	渔业基础设施岸线	人工岸线
	围海养殖岸线	人工岸线
工业岸线	盐业岸线	人工岸线
	固体矿产岸线	人工岸线
	油气开采岸线	人工岸线
	船舶工业岸线	人工岸线
	电力工业岸线	人工岸线
	海水综合利用岸线	人工岸线
	其他工业岸线	人工岸线
交通运输岸线	港口码头岸线	人工岸线
	路桥岸线	伴生自然岸线、人工岸线
旅游娱乐岸线	景观绿化岸线	伴生自然岸线、再生自然岸线
	景观建筑岸线	人工岸线
	浴场岸线	伴生自然岸线、再生自然岸线
	游乐场岸线	人工岸线
海底工程岸线	海底工程岸线	人工岸线
排污倾倒岸线	排污倾倒岸线	人工岸线
造地工程岸线	城镇建设岸线	人工岸线
	农业填海造地岸线	人工岸线
	废弃物处置填海造地岸线	人工岸线
特殊用途岸线	科研教学岸线	原生自然岸线、伴生自然岸线、人工岸线、再生自然岸线
	军事岸线	人工岸线
	海洋保护区岸线	原生自然岸线、伴生自然岸线、人工岸线、再生自然岸线
	海岸防护工程岸线	伴生自然岸线、人工岸线
未利用岸线	基岩岸线	原生自然岸线、伴生自然岸线
	砂质岸线	原生自然岸线、伴生自然岸线
	淤泥质岸线	原生自然岸线、伴生自然岸线
	生物岸线	原生自然岸线、伴生自然岸线
	河口岸线	原生自然岸线、伴生自然岸线

本书探讨提出的海岸线划定与分类，适用于现场监测和利用卫星遥感影像对

岸线类型、岸线变迁进行判别、提取和分析工作。随着海岸线空间资源动态监测工作的开展，海域使用综合管理新模式下，海岸线划定与分类在其中处于关键地位，深入分析和探讨海岸线分类，有助于对海岸线空间资源进行有效的控制和管理，而且还为自然岸线生态系统恢复与重建奠定重要理论基础，同时为海域使用动态监测中海岸线分类体系的建立提供思路指引。

5.3　海岸线遥感特征库

5.3.1　自然岸线的界定

砂质海岸、粉砂淤泥质海岸、基岩海岸和生物海岸等自然海岸，以瞬时海陆分界的痕迹线为海岸线，可根据当地的海蚀阶地、海滩堆积物或海滨植物进行确定。

1. *砂质海岸的岸线界定*

砂质岸线位于砂质海岸上，砂质海岸常分为一般砂质海岸和具有陡崖的砂质海岸两类。下面分别介绍这两种砂质岸线的界定方法。

（1）一般砂质海岸的岸线界定。一般砂质海岸的岸线比较平直，海滩上部因大潮潮水搬运，常常堆积成一条与岸平行的脊状砂质沉积，称为滩脊。海岸线一般确定在现代滩脊的顶部向海一侧（图 5-2）。

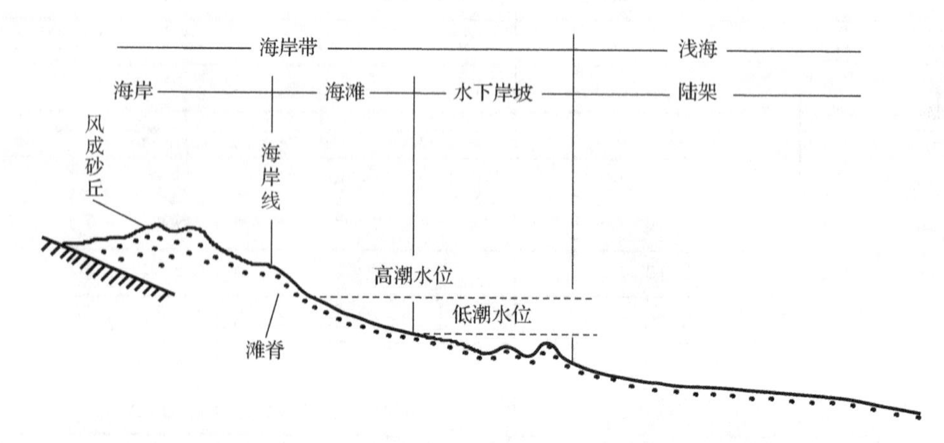

图 5-2　一般砂质海岸的岸线界定方法示意图

在遥感影像中，海岸的干燥滩面光谱反射率较高，在影像上表现为白亮的区域（图 5-3 中 a 处），而图 5-3 中 b 处表示陆地，砂质岸线位置界定在干燥滩面与陆地相接处，如图 5-3 中红线所示。

图 5-3　典型砂质海岸实例

（2）具陡崖的砂质海岸的岸线界定。具陡崖的海滩一般无滩脊发育，海滩与基岩陡岸直接相接，崖下滩、崖的交接线即为岸线（图 5-4）。

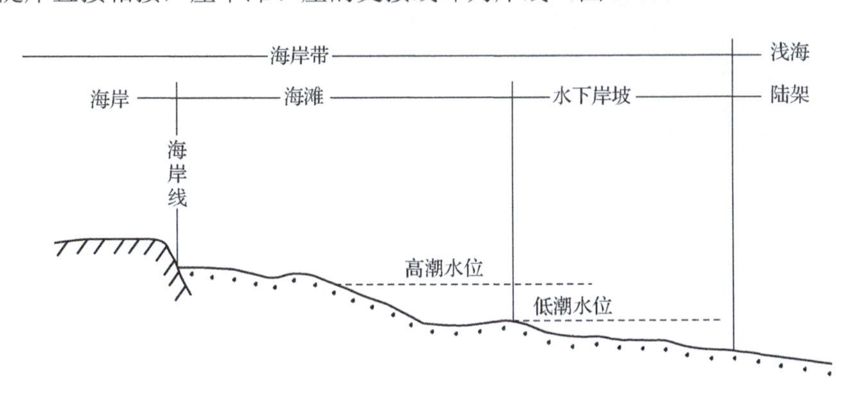

图 5-4　具陡崖的砂质海岸的岸线界定方法示意图

2. 粉砂淤泥质海岸的岸线界定

粉砂淤泥质海岸主要为潮汐作用塑造的低平海岸，潮间带宽而平缓。在这种海岸的潮间带之上向陆一侧常有一条耐盐植物生长状况明显变化的界线，即为岸线。另外，受上冲流的影响，在上冲流的上限常有植物碎屑、贝壳碎片和杂物等分布的痕迹线，也是岸线所在（图 5-5）。

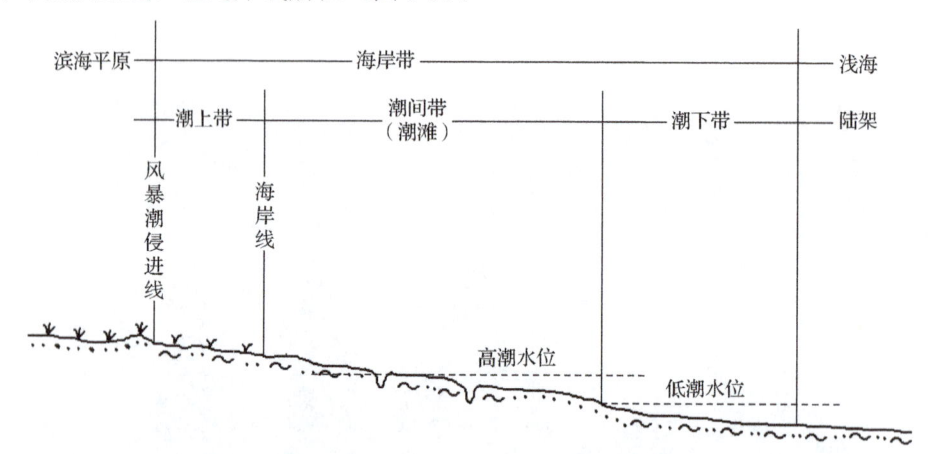

图 5-5　粉砂淤泥质海岸的海岸线界定方法示意图

在遥感影像中，粉砂淤泥质海岸向陆一侧一般植被生长茂盛（图 5-6 中 a 处）而向海一侧植被比较稀疏或没有植被（图 5-6 中 b 处），粉砂淤泥质岸线界定在植被生长状况明显差异处，如图 5-6 中红线所示。

图 5-6　典型粉砂淤泥质海岸实例

3. 基岩海岸的岸线界定

基岩岸线位于基岩海岸之上，基岩海岸由岩石组成，常有突出的海岬和深入陆地的海湾，岸线比较曲折。基岩海岸的岸线位置界定在陡崖的基部（图 5-7）。

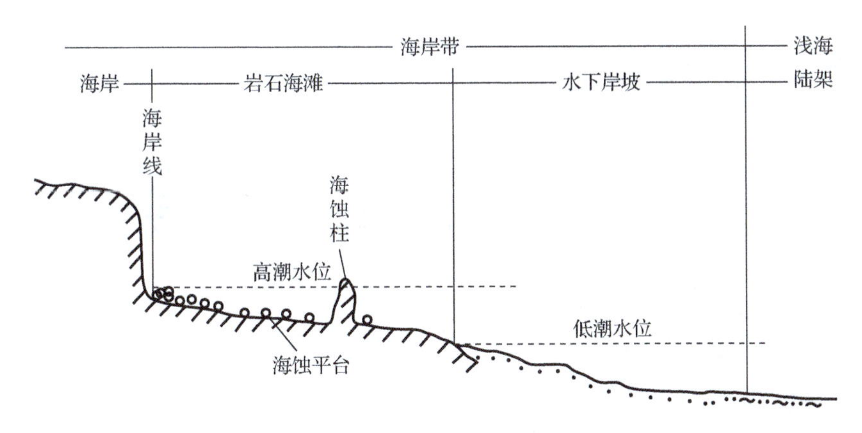

图 5-7　基岩海岸的岸线界定方法示意图

在遥感影像中，基岩海岸有明显的起伏状态和岩石构造，基岩岸线的位置界定在明显的水路分界线上，如图 5-8 中红线所示。

图 5-8　典型基岩海岸实例

4. 生物海岸的岸线界定

我国大陆生物岸线主要包括红树林岸线、珊瑚礁岸线和芦苇岸线，分别位于红树林海岸、珊瑚礁海岸和粉砂淤泥质海岸上。

（1）红树林岸线的界定。红树林多分布在河口附近潮滩、水陆交界处，具有向海延伸的能力。一般均成片分布，多沿海岸分布，纹理平滑，有立体感（图 5-9

中 a 处）。红树林生长在潮滩上或海岸沼泽区，平均大潮高潮淹没潮滩及沼泽区时，红树林内边界即为高潮线位置，因此，红树林生物岸线的位置界定在红树林内边界上，见图 5-9 中红线。

图 5-9　典型红树林海岸实例

（2）珊瑚礁岸线的界定。珊瑚礁海岸由珊瑚砂堆积而成，光谱反射率很高，在影像上表现为白亮，纹理平滑，珊瑚砂外围为礁盘，礁盘区域常被海水浸没，水深较浅，光谱反射率稍低于珊瑚砂，岸线确定方法同一般砂质岸线。

（3）芦苇岸线的界定。芦苇岸线位于生长芦苇的粉砂淤泥质海岸上，在沼泽、河口等浅水湿地形成密集的群落，由陆向海逐渐稀疏。在影像中，这类岸线确定在芦苇茂盛与稀疏程度明显差异处，海岸线向海一侧与向陆一侧的表现形式如上所述。

综上，珊瑚礁岸线界定方法与砂质海岸或基岩海岸的岸线界定方法一致。红树林岸线和芦苇岸线界定方法与粉砂淤泥质海岸的岸线界定方法相同。

5.3.2　河口岸线的界定

1. 具有明确的河口海陆分界线

具有明确的河口海陆分界线，则以明显的河海分界线作为河口岸线（图 5-10 中 a、b 两处）。

图 5-10　典型河口岸线实例

2. 没有明确的河口海陆分界线

没有明确的河口海陆分界线，则岸线提取以河口区地貌形态来确定河口岸线，即以河口突然展宽处的突出点连线（图 5-11 中 a 处）作为河口岸线。

图 5-11　典型河口岸线实例

5.3.3 人工岸线的界定

人工岸线指由永久性人工构筑物组成的岸线，包括盐田与养殖围池堤坝、防潮堤、防波堤、护坡、挡浪墙、码头、防潮闸以及道路等挡水（潮）构筑物。如果人工构筑物向陆一侧不存在平均大潮高潮时海水能达到水域的，以永久性人工构筑物向海一侧的平均大潮时水陆分界的痕迹线作为人工岸线；人工构筑物向陆一侧存在平均大潮高潮时海水能达到水域的，则以人工构筑物向陆一侧的平均大潮高潮时水陆分界的痕迹线达到的位置作为海岸线。

1. 围池坝

（1）盐田。盐田岸线位于盐田海岸上，盐田分布在淤泥质潮滩上，规则小型方块连续大面积分布，且一般都对称分布。蒸发池颜色接近海水颜色（图 5-12 中 a 处），而结晶池因为含有大量海盐呈白色，亮度较高（图 5-12 中 b 处）。海岸线位置的界定在盐田区域的外边界，如图 5-12、图 5-13 中红线所示。

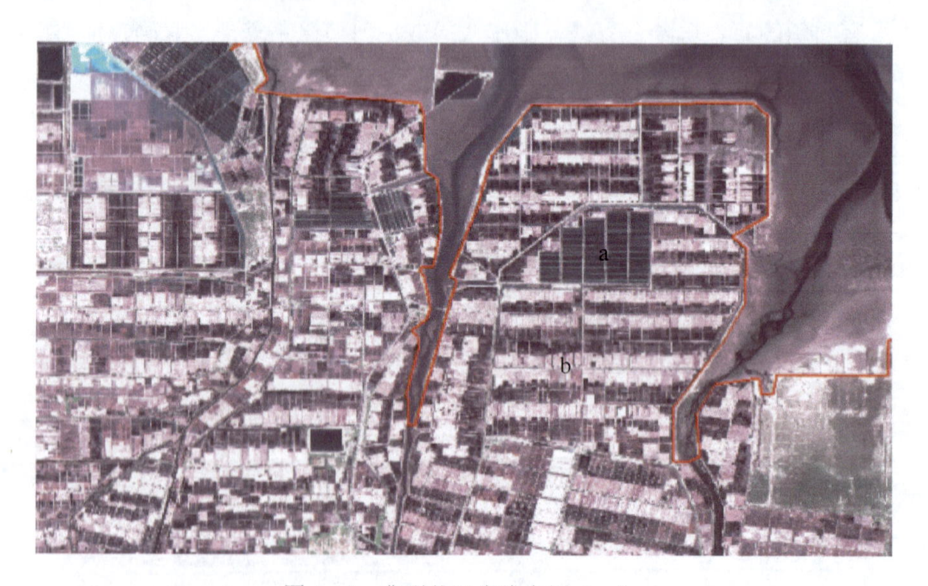

图 5-12　典型盐田岸线实例（一）

图5-13　典型盐田岸线实例（二）

（2）围海养殖区。围海养殖区岸线位于基岩海岸或粉砂淤泥质海岸上。养殖区布局规则，呈长条状，空间集中分布，颜色接近海水颜色（图5-14中a处）。由于大潮高潮不能淹没养殖区外边缘，因此海岸线位置界定在养殖区的外边缘上，如图5-14、图5-15中红线所示。

图5-14　典型围海养殖岸线实例（一）

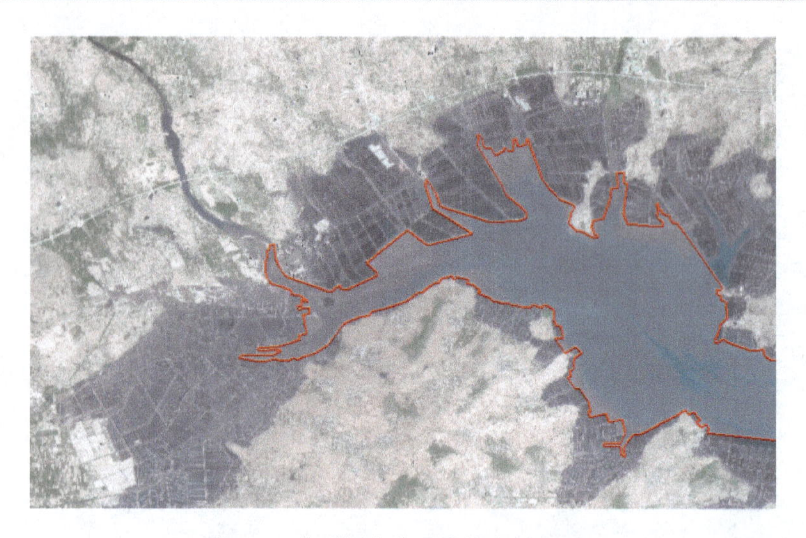

图 5-15　典型围海养殖岸线实例（二）

2. 填海

填海是指土地使用出现紧张或者配合规划等原因而需要将海岸线向前推，用人工建设的方式扩充土地面积，形成新的填海岸线。

在遥感影像中可以看出，填海区域里沙土和海水同时存在（图 5-16 中 a、b 两处），但是填海岸线的确定还需要围填海数据共同配合完成，填海岸线界定在填海区域的外边线上，如图 5-16 中红线所示。

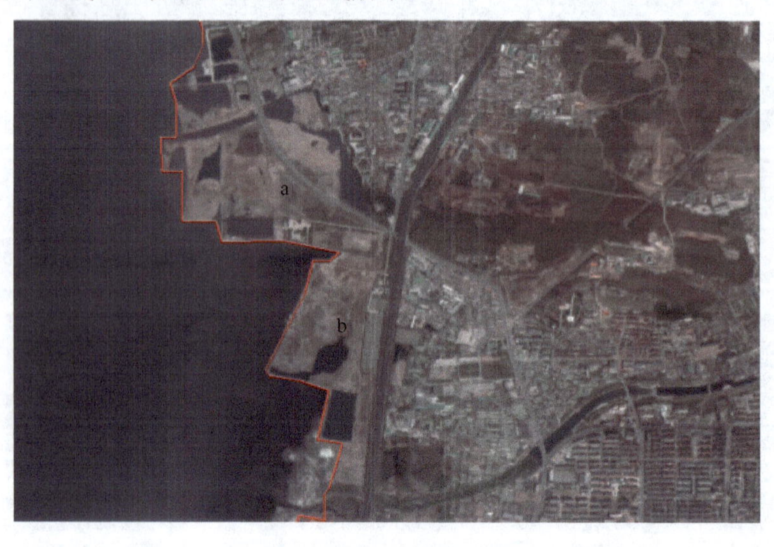

图 5-16　典型城市填海岸线实例

3. 港口码头构筑物

本次岸线提取对于港口码头构筑物的岸线界定如下：港口岸线一般以码头向海一侧防波堤前缘确定，对于与海岸线垂直或斜交的构筑物（包括引堤、突堤式码头、栈桥式码头等），若横截宽度小于 100m，则以其与陆域连接的根部连线（红线）作为该区域的海岸线（图 5-17）。

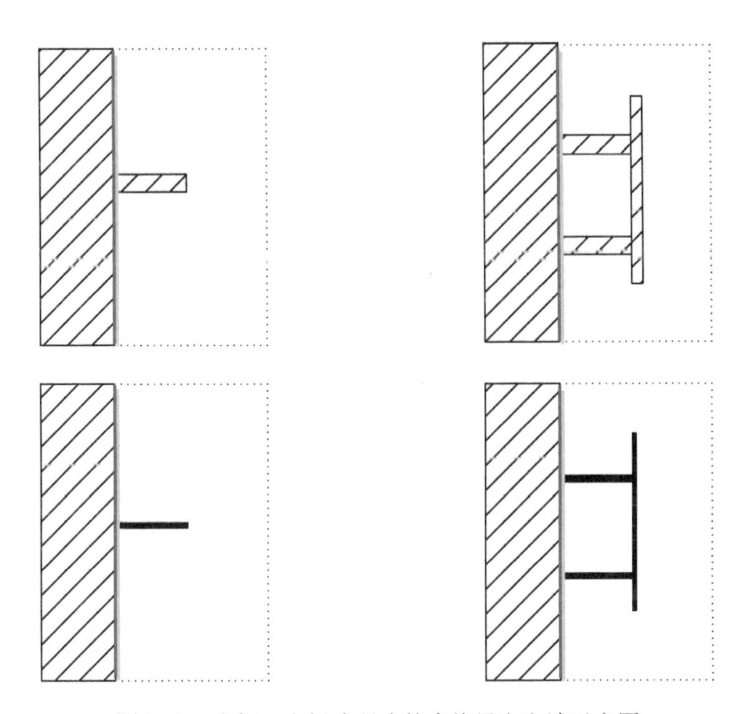

图 5-17　突堤、突堤式码头的岸线界定方法示意图

在遥感影像中，港口码头处多有居民区或工厂等，一般成规模分布，有一定的亮度，但不均匀，道路错综复杂，呈网状（图 5-18 中 a 处）。突堤在影像中多呈白色，明显的细长条状突出（图 5-18 中 b 处），港口码头的海岸线位置为港口码头的外边界，突堤处海岸线位置确定在突堤根部与陆地相连的连线处，如图 5-18 中红线所示。

图 5-18　港口岸线实例

第 6 章　海岸线自然属性变迁分析

海洋是 21 世纪我国经济发展的主要拓展空间，海陆交接的海岸线承担着我国经济增长、社会发展、城市化进程的重要作用，其自然属性的改变，也将影响未来我国海岸线资源的可持续发展。围填海工程会截弯取直，减少海岸线的长度，减少海岸线的曲折度；渔业养殖的围堰会增加平直海岸线的长度，增加海岸线的曲折度；海岸侵蚀使海岸线的位置向陆后退，淤积型岸线则使海岸线向海推进；海域开发利用的类型单一会减少海岸线的类型，多种类型的海域开发则可增加海岸线的类型。定量分析随着海岸线资源的不断开发利用，海岸线长度、稳定性、曲折度、开发强度、类型多样性等的变化，对海岸线资源的可持续利用具有重要的意义。

6.1　海岸线长度变化

海岸带是海陆相互作用的地带，受海洋水动力作用强烈。海岸线的改变是由各种地质因素相互作用、河流和海洋沉积物的淤积，以及各种天气和海洋条件造成的，其中某种因素如海岸侵蚀、淤涨、海平面上升等的变化和人工堤坝、围垦、采砂等社会因素的变化，都可能会导致岸线的退缩或扩张[45]。

海洋地质测量资料表明，60 多年前，我国海岸线变化受自然因素影响较大，绝大多数海岸呈缓慢淤积或稳定状态。城市化和工业化的迅速发展，带动海洋开发与利用的热潮，20 世纪 90 年代以来，围垦养殖、填海造地、海洋工程等人类活动导致海湾消失、陆联岛等现象频发，引起海岸线发生巨大变化[46]。如河北省曹妃甸地区 1993～2012 年进行了大量围填海活动（图 6-1），填海面积约 2280hm^2，使海岸线长度增加了约 75km。

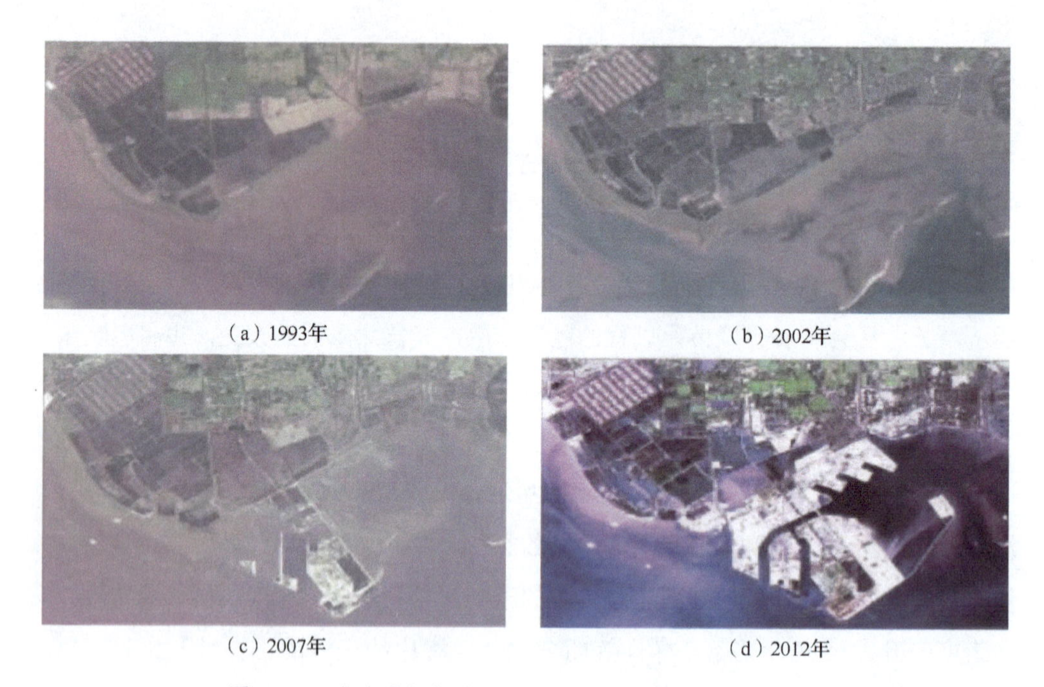

图 6-1　河北省曹妃甸地区 1993～2012 年海岸线变化情况

6.1.1　海岸线变化特征与分析

根据遥感解译结果分析，在 1990～2012 年，由于人类不断地对海域进行开发利用，人工岸线长度增加较快，同时人类海域开发利用的不合理布局引发自然灾害频发和自然淤涨减慢，造成我国大陆海岸线总长度的变化整体呈现上升趋势，其主要经历了以下几个阶段。

第一阶段：1990～2000 年。我国大陆海岸线长度不断增长，10 年间增长了约 263.15km，年均增长 26.31km。自然岸线所占比例逐渐减少，岸线增长主要是由于淤涨型岸线的自然淤涨现象和农业用海的不断增加。这一阶段海域开发利用率较低，多以围垦养殖为主，海域使用“无序、无法、无度、无偿”，严重影响我国海洋的开发利用及海洋经济的发展。

第二阶段：2000～2002 年。我国大陆海岸线长度有所减少，两年内减少了 101.60km，年均减少 50.80km。其原因是 2000 年以来我国工业用海不断增加，但是由于人工填海、截弯取直等因素的影响，局部区域开始向海洋扩张，岸线变得较为平直，人为作用逐渐凸现，大陆海岸线开始从原来的自然状态向人工岸线转变。

第三阶段：2002～2012 年。2002 年《中华人民共和国海域使用管理法》的实施，规范了我国海域使用领域。这个阶段，人工干预的作用愈发明显，我国海域使用总体呈上升趋势，大陆海岸线年增长量 96.43km，增长的岸线主要为人工岸线。

一般来讲，随着人类干预活动的加剧，海岸线应该是继承上一阶段的发展趋势，继续变短，但解译数据表明，我国大陆海岸线逐渐趋于平直，但整体岸线长度却不断增长。这主要是因为人为活动有时虽缩短了海岸线的长度，但有时却也制造出新的大陆海岸线，比如大型港口的建设，通过人工填海，使原来的海域成为陆地，扩大了陆域面积，延长了岸线长度[47]。

1990～2012 年，全国大陆海岸线长度仅在个别年段出现负增长，其他年份均为正增长，年均变化范围在 14.53～301.93km。负增长出现在 2000～2002 年，两年内减少 101.60km，年均减少 50.80km；而 2002 年之后大陆海岸线变化均为正增长，其中增长最突出的为 2010～2011 年，年变化量为 301.93km（表 6-1）。

表 6-1　海岸线总长度变化表

年段	增减值/km	年均值/(km/a)
1990～2000 年	263.15	26.31
2000～2002 年	-101.60	-50.80
2002～2007 年	304.90	60.98
2007～2008 年	14.53	14.53
2008～2009 年	84.07	84.07
2009～2010 年	44.87	44.87
2010～2011 年	301.93	301.93
2011～2012 年	214.03	214.03

注：“-”为减少；时间区间范围数值为大于前一年度且小于等于后一年度，例如 1990～2000 年是指大于 1990 年且小于等于 2000 年

从各省（区、市）大陆海岸线变化总长度来看，在这 22 年间，除广西、福建和海南的大陆海岸线总长度减少之外，其他各省（区、市）的大陆海岸线长度均不同程度增长。其中辽宁大陆海岸线幅度增长最大，达到 437.92km，对全国大陆海岸线长度变化的影响贡献也最大，达到 25.37%；而广西大陆海岸线的减少幅度最大，达到 209.33km，全国大陆海岸线长度变化的影响值达到了 12.13%（表 6-2）。

表 6-2　1990～2012 年各省（区、市）大陆海岸线长度变化及其影响

行政区划	增减值/km	影响值/%
辽宁	437.92	25.37
河北	227.50	13.18

续表

行政区划	增减值/km	影响值/%
天津	176.08	10.20
山东	278.63	16.14
江苏	150.75	8.73
上海	20.56	1.19
浙江	127.73	7.40
福建	-53.33	3.09
广东	6.98	0.40
广西	-209.33	12.13
海南	-32.86	1.90

注："-"为减少

1990～2012年，从我国大陆海岸线一级类型各岸线所占比例变化来看（图6-2），自然岸线所占比例不断减少，人工岸线所占比例不断增加，而河口岸线略有减少，基本持平。1990年我国大陆海岸线以自然岸线为主，而随着围池堤坝、填海造地等人类开发活动不断侵占原有自然岸线，原本凹凸不平的自然岸线变得平直圆滑，自然岸线不断减少，人工岸线不断增加。目前，我国半数以上大陆海岸线人工化。

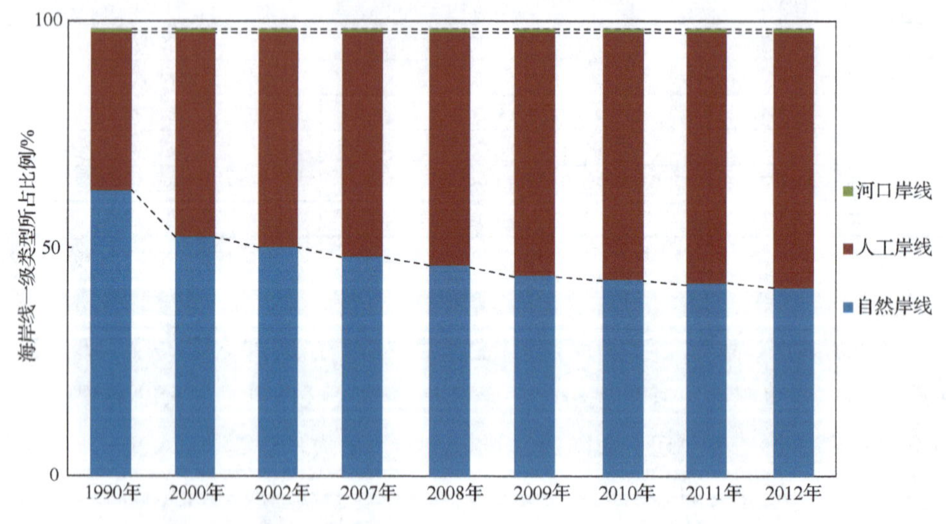

图6-2　我国大陆海岸线一级类型各岸线所占比例历年变化图

6.1.2　自然岸线变化分析

根据本章研究，我国自然岸线空间分布"北少南多"，并且总量逐渐减少，其变化特征主要经历了以下几个阶段。

第一阶段：1990～2000 年。我国自然岸线长度 10 年间减少了约 1834.9km，年均减少 183.49km。在这 10 年间，虽然部分地区存在自然岸线淤积而增长的现象，但大部分地区因农业围垦等人为因素的影响，自然岸线大量减少。

第二阶段：2000～2009 年。此阶段自然岸线减少速度有所减缓，九年间共减少了 1379.76km，年均减少 153.31km。在这一阶段，大量的围填海活动改变了原有的自然岸线属性，使自然岸线长度逐渐减少。

第三阶段：2009～2012 年。在这一阶段，自然岸线长度略有减少，但趋于稳定，三年间共减少了 295.49km，年均减少 98.50km。此阶段，一方面，人工的围填海活动已在上阶段进行，此阶段仅在已改变的人工岸线基础上继续进行施工；另一方面，各级主管部门的用海规划相继出台，使各类用海更加科学化、规范化，在一定程度上使自然岸线得到保护。

从我国自然岸线各二级类型长度变化来看（图 6-3），粉砂淤泥质岸线、基岩岸线、生物岸线和砂质岸线在这 22 年间总长度减少，其中基岩岸线的长度最长，生物岸线和粉砂淤泥质岸线长度的减少幅度最大，均减少了一半以上。

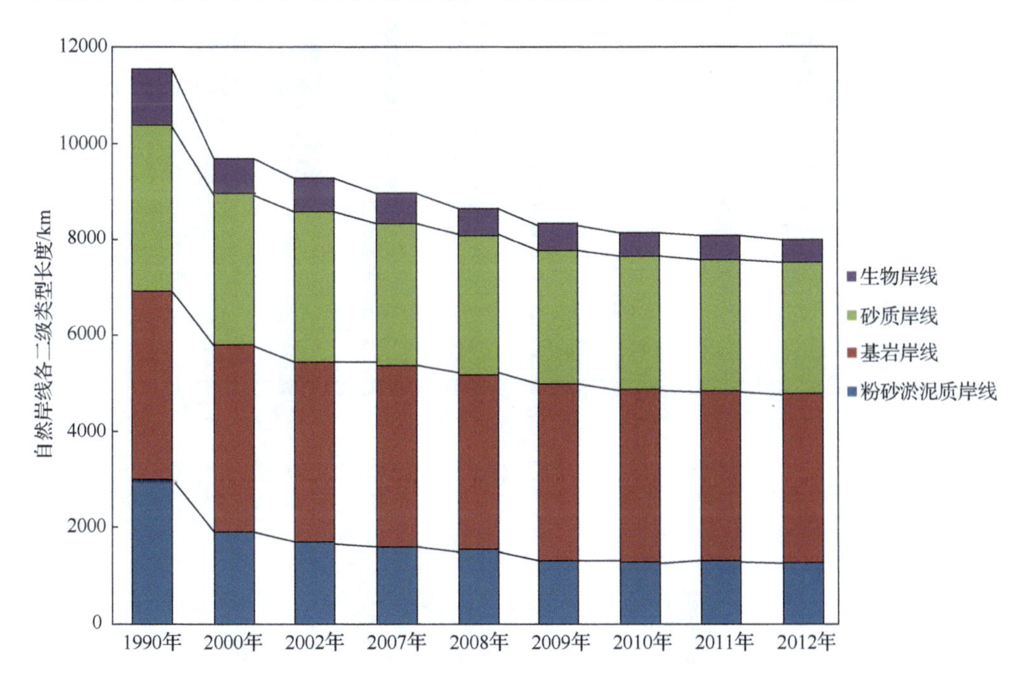

图 6-3　自然岸线各二级类型长度历年变化图

6.1.3 人工岸线变化分析

根据本章研究，我国人工岸线呈现逐渐增加的趋势，以 2007 年为界，在此之前，我国人工岸线增长较为缓慢，1990～2007 年年均增长量为 177.69km。而 2007 年以后，随着《中华人民共和国物权法》的出台，用海热潮不断高涨，人工岸线增长速度加快了近一倍，2007～2012 年的年均增长量达到 328.81km。

从我国人工岸线各二级类型长度变化来看（图 6-4），围池堤坝、填海造地、交通运输工程和岸线防护工程的岸线长度不断增长，其中围池堤坝的岸线长度最长，交通运输工程岸线长度增长幅度最大，2012 年比 1990 年增加了两倍多。

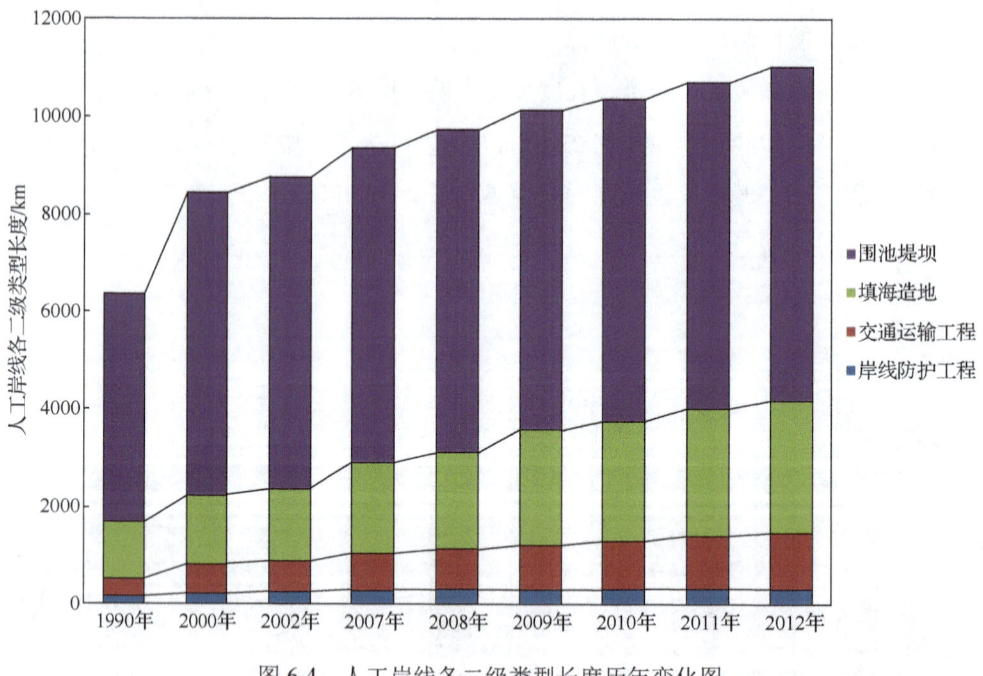

图 6-4　人工岸线各二级类型长度历年变化图

6.1.4 河口岸线变化分析

中国海岸带有大小入海河流 1500 余条，在我国境内入海的河流流域面积占全国河流流域总面积的 44.9%，入海河流径流量占全国河川径流总量的 69.8%，其中流域面积广、径流量大的河流主要有长江、黄河、钱塘江、珠江等[48]。入海河流不仅能带来大量淡水，而且其陆地流域面积广，所挟带和溶解的物质也非常多，对海岸带的自然生态环境产生极为重要的影响。

根据本章研究，我国河口岸线呈现逐渐减少的趋势。一方面，由于人类活动的过分干预，造成下游径流量急剧减少，所有泥质河口普遍发生淤积萎缩；另一方面，河口防潮闸的大量兴建，改变了冲淤动力平衡，河口河道排泄洪水能力急剧下降，形成了小水大灾的局面。另外，海平面变化、地面沉降加剧了河口淤积，进而引起一系列水环境问题[49]。

6.2　海岸线稳定性

海岸带是海陆交界地带，是海洋水动力作用强烈的地带，其动态变化较大。随着我国海洋经济的快速发展，人类在海岸带附近的开发活动越来越密集，对岸线的开发利用强度也越来越大，岸线地貌形态和岸线的位置都发生了较大的变化。

本节以本书提取的海岸线空间地理数据为基础，测算海岸线向海推进或向陆后退的距离和速度；再由变化距离和速度确定岸线稳定性级别阈值，进行海岸线稳定性分级；最后计算省级区划单元的海岸线稳定性指数，并进行分析。以 1990 年岸线数据为本底岸线监测数据，对比分析不同时期岸线监测数据，客观评价我国大陆海岸线空间变化的强弱与历史趋势。针对岸线位置变化剧烈的重点区域，评价影响岸线变化的主要因素，并分析管理对策。

根据现有相关资料，经初步分析认为：大陆海岸线向海推进的原因一般为人工开发和自然淤积两种，而大陆海岸线向陆后退的原因一般为海岸侵蚀和自然灾害两种。总体来看，大陆海岸线向海推进既有人为因素也存在自然因素，而从单层面分析，大陆海岸线向陆后退是由自然因素产生。

6.2.1　评价方法

评价因子为大陆海岸线向海推进或者向陆后退的水平移动距离，即岸线纵深度。纵深度数值有正与负之分，正值代表大陆海岸线向海推进，负值则代表大陆海岸线向陆后退。

根据大陆海岸线空间位置的变化距离、方向和速度将整个海岸线划分为不同级别的区块。通常情况下，向海推进区和向陆后退区独立划分区块，且区块内大陆海岸线长度在 10～20km，变化较强烈区域的区块内大陆海岸线长度在 1～10km。对于区块内大陆海岸线空间位置平均变化距离的确定方法，视区块内大陆海岸线空间位置变化强度的空间分布均匀程度，每 1～5km 岸线长度设一垂直大陆海岸线主体走向的剖面，统计岸线位置在这一剖面上的变化距离值，取各剖面的平均值得到区块内大陆海岸线变化的平均距离，也就是该段岸线的纵深度。

根据大陆海岸线空间位置变化距离，计算出岸线纵深度值。纵深度的变化反映了大陆海岸线稳定性变化的程度，将全国大陆海岸线稳定性划分为强烈岸退区、岸退区、稳定区、岸进区和强烈岸进区五个级别，并绘制大陆海岸线稳定性分级图，更加形象与真实地展现全国大陆海岸线几何空间变化形态。计算大陆海岸线纵深度的公式如下所示：

$$D = \frac{1}{n}\sum_{k=1}^{n} L_k \tag{6-1}$$

式中，D 为岸线纵深度值；n 为垂直大陆海岸线主体走向的剖面数量；L_k 为第 k 个剖面上的变化距离值。

在此基础上，我们以地级市为单位，统计各市的大陆海岸线稳定性情况，计算各市的大陆海岸线稳定性指数。以稳定区、岸退区和岸进区大陆海岸线长度占大陆海岸线总长度比例 R_S 及强烈岸退区和强烈岸进区大陆海岸线长度占大陆海岸线总长度比例 R_C 两个指标计算大陆海岸线稳定性指数 E，E 值越大表示岸线稳定性越好。计算公式如下：

$$E = \frac{R_S}{R_C} \tag{6-2}$$

最后，在各地级市海岸线稳定性指数计算的基础上，进一步汇总计算各省以及全国的大陆海岸线稳定性指数。

6.2.2 海岸线纵深度变化总体情况

根据上述的评价方法和计算公式，我们以1990年、2000年、2007年和2012年四个时期的大陆海岸线数据为研究对象，分析1990～2012年我国大陆海岸线纵深度变化量和年均变化速度。这里以平均负纵深度（AveD-）、平均正纵深度（AveD+）、纵深度绝对值平均数（AbsDA）和年均变化速度（SY）四个指标来分析与统计，求出1990～2000年、2000～2007年和2007～2012年三个时间段的大陆海岸线纵深度变化和年均变化速度，见表6-3。

表6-3　1990～2012年我国大陆海岸线纵深度变化和年均变化速度统计

区域	1990～2000年				2000～2007年				2007～2012年			
	AveD-/m	AveD+/m	AbsDA/m	SY/(m/a)	AveD-/m	AveD+/m	AbsDA/m	SY/(m/a)	AveD-/m	AveD+/m	AbsDA/m	SY/(m/a)
辽宁	-259.21	313.30	303.70	30.37	-112.53	359.46	295.33	42.19	-115.02	423.59	366.68	73.34
河北	-340.52	401.27	394.33	39.43	-126.51	401.24	309.05	44.15	-88.49	785.36	637.09	127.42
天津	-278.11	440.90	398.44	39.84	-122.55	733.59	457.64	65.38	-69.78	1076.69	847.85	169.57
山东	-247.86	316.94	302.84	30.28	-159.83	331.91	278.12	39.73	-58.31	333.90	279.73	55.95
上海	-116.14	419.40	361.63	36.16	-63.43	539.83	385.70	55.10	-98.66	384.62	298.83	59.77
江苏	-166.12	542.32	415.19	41.52	-337.54	657.28	525.74	75.11	-43.10	626.68	486.62	97.32
浙江	-72.94	292.96	258.77	25.88	-127.43	416.65	327.76	46.82	-30.32	427.24	405.19	81.04
福建	-82.56	82.00	82.04	8.20	-69.43	111.39	103.81	14.83	-43.35	226.25	188.31	37.66
广东	-88.96	175.87	171.24	17.12	-101.63	134.98	128.92	18.42	-91.87	563.80	482.94	96.59
广西	-56.90	73.35	72.53	7.25	-119.23	70.93	79.30	11.33	-31.39	362.10	304.38	60.88
海南	-25.60	119.32	109.61	10.96	-89.11	69.08	73.06	10.44	-45.44	153.60	140.40	28.08
全国	-125.80	158.44	155.43	15.54	-122.66	175.86	164.09	23.44	-61.55	375.44	318.85	63.77

注：时间区间范围数值为大于前一年度且小于等于后一年度，例如1990～2000年是指大于1990年且小于等于2000年

从表6-3统计分析，1990～2012年，我国大陆海岸线发生了剧烈的变迁，由自然因素引起的岸线后退变化逐渐减小，而人工开发引起的岸线向海推进速度明显加剧，2007～2012年的岸线变化速度最快，平均每年向海推进60多m，而岸线后退多发生在河口三角洲和粉砂淤泥质岸段。沿海各省（区、市）详细变化情况如图6-5～图6-7所示。

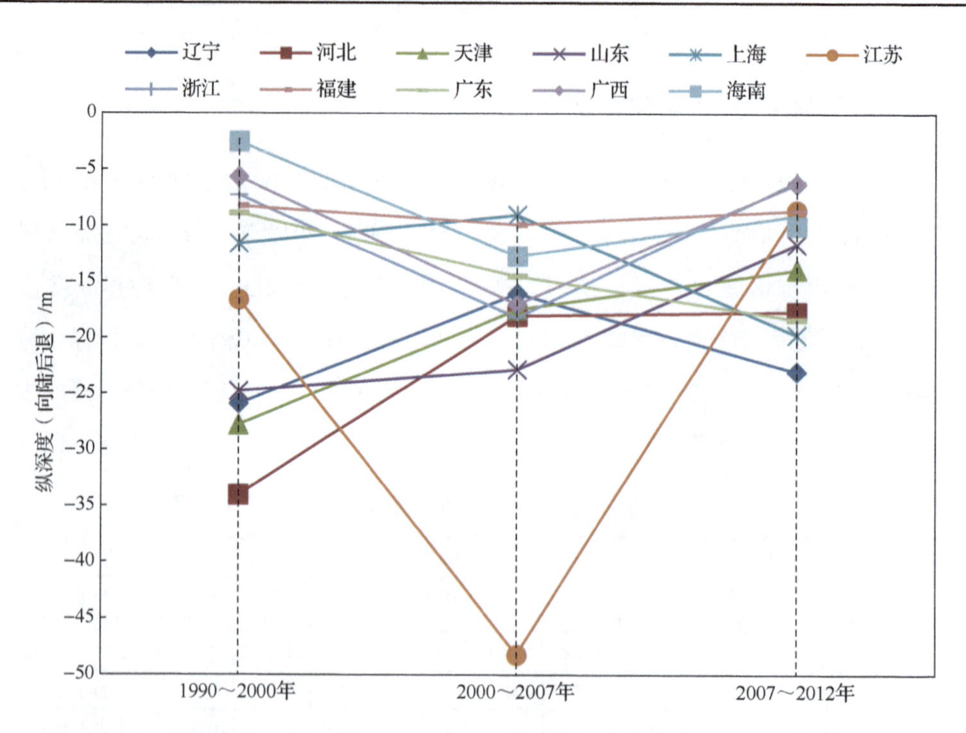

图 6-5　沿海各省（区、市）1990～2012 年大陆海岸线向陆后退平均距离变化

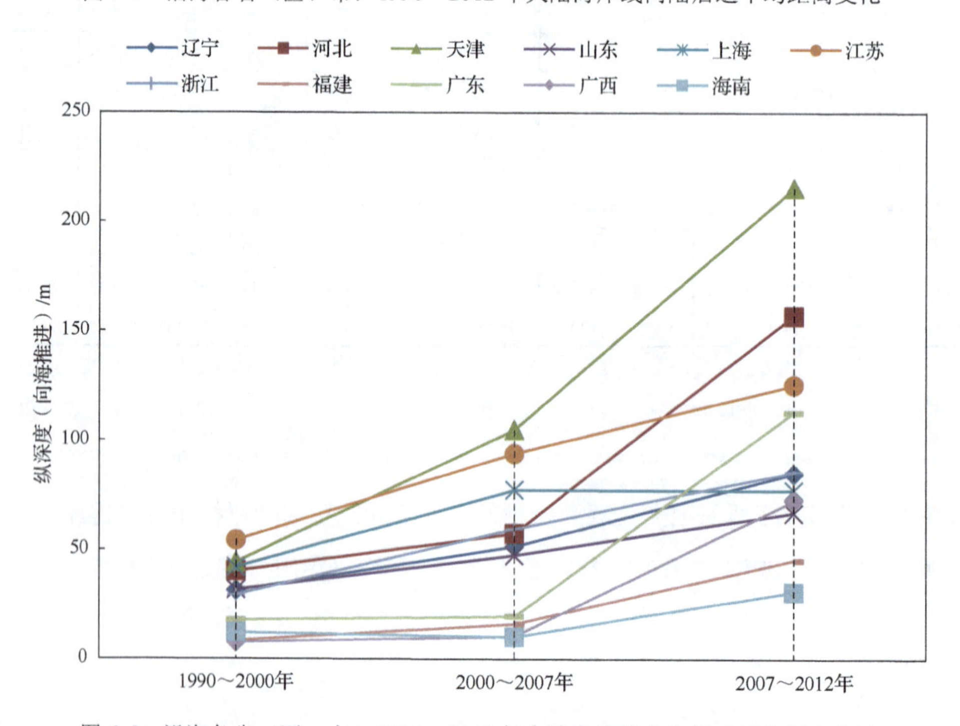

图 6-6　沿海各省（区、市）1990～2012 年大陆海岸线向海推进平均距离变化

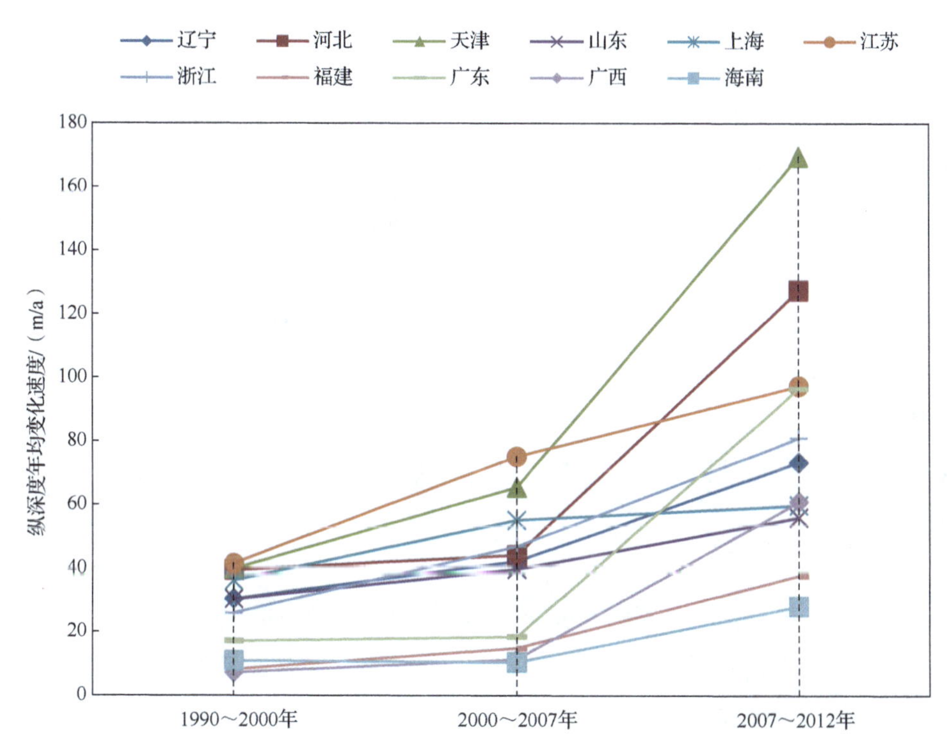

图 6-7　沿海各省（区、市）1990～2012 年大陆海岸线纵深度年均变化速度

大陆海岸线纵深度变化趋势详细分析如下。

1. 1990～2000 年

由于受到生产条件和技术水平的限制，早期的开发活动主要是用简单的工具在海岸和近海中捕鱼虾、晒海盐，以及海上运输，逐渐形成了海洋渔业、海洋盐业和海洋运输业等传统的海洋开发产业，人们对海洋开发与利用处在起步阶段，即新中国海洋开发政策基本形成时期[50]。此阶段河北省海岸线向陆后退变化值最大，年均岸退约 34.05m，天津市排第二位，年均岸退约 27.81m；而江苏省因自然淤积推动岸线向海推进变化值最大，年均向海推进约 54.23m。此阶段全国大陆海岸线变化主要为自然因素作用，包括自然淤积、海平面上升、海岸侵蚀和自然灾害等，这些因素的作用力受到自然环境变化影响较大，变化速度较为缓慢，岸退与岸进处于平衡时期。

2. 2000～2007 年

我国在开发利用海洋资源、发展海洋经济方面取得了较大进展，海洋经济已成为国民经济新的增长点。2002 年 1 月 1 日，《中华人民共和国海域使用管理法》正式实施，引发海洋开发高潮时代的到来，代表新中国海洋开发政策迈向强国战略的新时期。此阶段江苏省部分岸段因海洋环境恶化，水动力及泥沙含量减少，出现了向陆后退变化最大值，年均岸退约 48.22m，山东省排第二位，年均岸退约 22.83m；而天津市因临港工业区的建设，带动大规模的填海造地行为，促使岸线向海推进出现最大值，年均向海推进约 104.80m。此阶段人工开发对岸线变化的影像作用力大于自然因素，人工开发引起岸线向海推进变化的趋势增强。

3. 2007～2012 年

这是我国海洋经济可持续发展的时代，也是海洋开发的一个新高潮。2007 年 3 月《中华人民共和国物权法》出台，海域物权制度首次在民事基本法律中得到确立，开创了海域使用管理的新时期，是海洋综合管理真正走向法制化管理时期的重要标志，同时也是破除传统用海观念，建立海域资源开发利用的社会主义市场机制的一场深刻革命。此阶段辽宁省部分岸段因海洋环境恶化、海水入侵作用力加强和人为滨海湿地破坏，出现了向陆后退变化最大值，年均岸退约 23.00m，上海市排第二位，年均岸退约 19.73m；而天津市加快了临港工业区和海滨新区的建设，带动了新一轮的围填海行为，促使岸线继续向海推进，年均向海推进约 215.34m。此阶段岸线变化的主导因素是人工开发，自然因素引起的作用力相对于人工开发显得较为微弱，从全国岸线整体变化来看，此阶段岸线向海推进变化较为明显，趋势逐渐增强，推进速度接近 2000～2007 年的 3 倍。

6.2.3 海岸线纵深度变化区划分

依据 2007～2012 年我国大陆海岸线区块内的岸线平均纵深度数值范围，根据分等定级方法，我国大陆海岸线纵深度变化可划分为强烈岸退区、岸退区、稳定区、岸进区和强烈岸进区五个级别。岸线纵深度变化区划分标准见表 6-4。

表 6-4　岸线纵深度变化区划分标准

级别	纵深度变化值 D/m
强烈岸退区	$D<-100$
岸退区	$-100\leqslant D<-30$
稳定区	$-30\leqslant D\leqslant 30$
岸进区	$30<D\leqslant 200$
强烈岸进区	$D>200$

依据岸线纵深度变化区划分标准，以 2012 年岸线为基准，计算 2007～2012 年我国大陆海岸线纵深度变化区各类型的岸线长度，见表 6-5。

表 6-5　沿海各省（区、市）大陆海岸线纵深度变化区各类型岸线长度　（单位：km）

行政区划	强烈岸退区	岸退区	稳定区	岸进区	强烈岸进区
辽宁	24.08	13.15	1374.56	121.98	880.91
河北	6.32	4.71	270.49	23.88	357.06
天津	3.23	0.00	92.09	10.57	231.77
山东	26.81	12.19	1877.85	209.67	748.21
江苏	11.49	7.97	291.78	79.32	1195.58
上海	0.78	0.00	167.38	8.75	17.43
浙江	1.06	1.82	1525.97	116.67	465.93
福建	13.20	22.05	2247.34	246.08	426.26
广东	16.25	6.23	2841.27	141.01	361.60
广西	0.00	7.33	1150.91	70.50	215.00
海南	1.92	2.82	1344.93	94.58	158.39

由计算结果分析得出，我国大陆海岸线整体来看，北部变化强度大于南部，整体趋势受人类活动影响岸线不断向海推进，强烈岸进区岸线长度约 5058.14km，占全国大陆岸线总长度的 25.87%。其中，山东省强烈岸退区岸线长度最大，约为 26.81km，占总岸线长度的 0.93%，辽宁省排第二位，强烈岸退区岸线长度约为 24.08km，占总岸线长度的 1.00%；江苏省强烈岸进区岸线长度最大，约为 1195.58km，占总岸线长度的 75.38%，其次是辽宁省，强烈岸进区岸线长度约为 880.91km，占总岸线长度的 36.48%，而天津市强烈岸进区岸线长度占总岸线长度的比例最大，达到 68.64%。

从 2012 年我国大陆海岸线稳定区岸线保有量来看（图 6-8），以上海市为中间点，北方沿海地区稳定区岸线所占比例不足 70%，江苏省最低，稳定区岸线所占比例仅为 18.40%，其次是天津市，所占比例为 27.27%；而南方沿海地区稳定区岸线所占比例都在 70%以上。

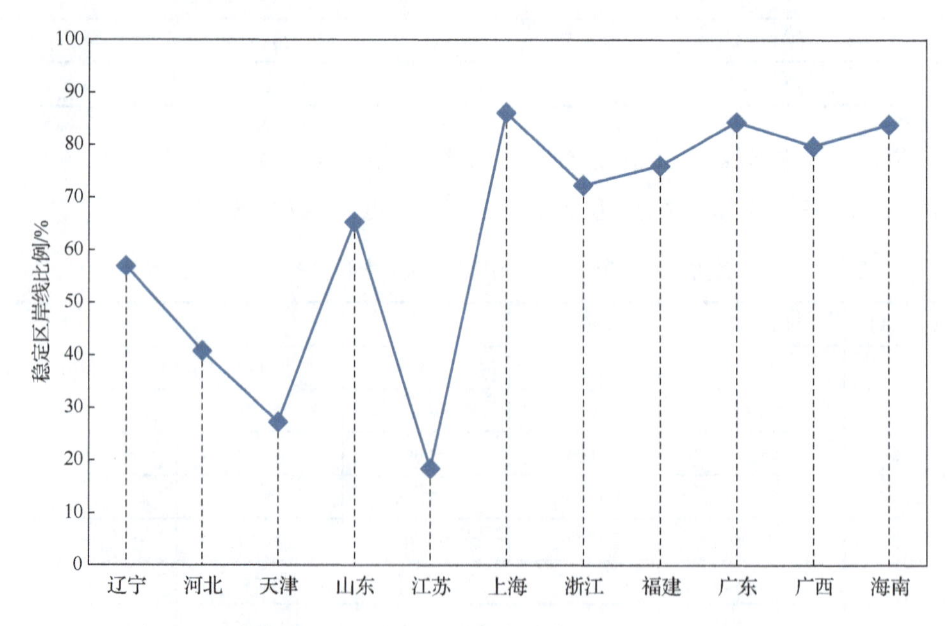

图 6-8　沿海各省（区、市）2012 年大陆海岸线稳定区岸线所占比例

从影响变化因素上分析，这些变化主要是人类开发作用引起的。随着社会经济的快速发展，我国沿海地区工业化、城镇化进程加快，人口和产业向沿海地区聚集，沿海城市人居环境不断扩张，为了满足城市发展的需求，人类活动不断向海洋延伸。

6.2.4　海岸线稳定性指数

根据大陆海岸线稳定性指数公式（6-2），计算 2012 年我国大陆海岸线稳定性指数，如表 6-6 所示。

表 6-6　沿海各省（区、市）大陆海岸线稳定性指数

行政区划	R_S/%	R_C/%	E
辽宁	62.52	37.48	1.67
河北	45.15	54.85	0.82

续表

行政区划	R_S/%	R_C/%	E
天津	30.40	69.60	0.44
山东	73.04	26.96	2.71
江苏	23.90	76.10	0.31
上海	90.63	9.37	9.67
浙江	77.88	22.12	3.52
福建	85.13	14.87	5.72
广东	88.78	11.22	7.91
广西	85.11	14.89	5.71
海南	90.00	10.00	9.00

由我国大陆海岸线稳定性指数计算结果分析，可得出整体布局情况与岸线稳定区岸线保有量相同，都是以上海市为中间点，北方沿海地区岸线稳定性指数全部低于 3，江苏省最低（因江苏省存在的粉砂淤泥质岸线较多，故稳定性指数较低），稳定性指数仅为 0.31，其次是天津市，稳定性指数为 0.44；而南方沿海地区稳定性指数都高于 3，特别是上海市和海南省，稳定性指数大于等于 9。整体布局情况详见图 6-9。

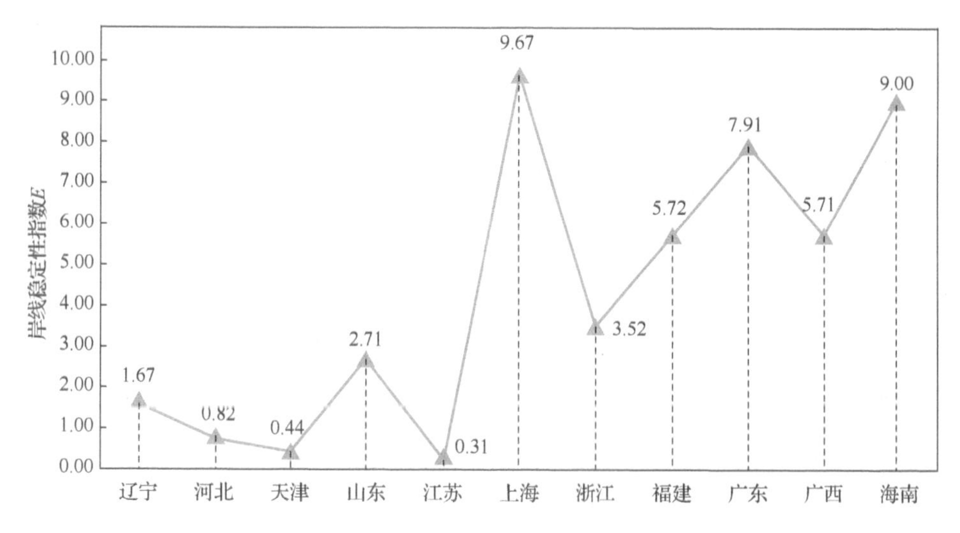

图 6-9　沿海各省（区、市）2012 年大陆海岸线稳定性指数统计图

6.3　海岸线曲折度

我国大陆海岸线北起端点是辽宁省丹东市以东的鸭绿江口，南起端点是广西壮族自治区防城港市北仑河入海口，长达 1.8 万 km。我国大陆海岸线曲折，较大海湾有 150 个[51]，多为港阔水深的天然港口。海湾是沿海地区经济社会发展的重要物质基础，对整个沿海地区的经济发展起着巨大的支撑作用。岸线曲折度为海岸线几何形态的变化，它的改变对我国海洋经济的发展以及沿海地区的自然环境都会造成不同程度的影响，如优良港湾的选址、养殖业和旅游业的发展、气候变化和风暴潮等自然灾害的调节。因此，研究不同时期大陆海岸线曲折度的变化趋势，对我国海洋经济发展、海岸生态系统平衡具有重要的意义。

分析海岸线曲折度的总思路是以提取的不同时期大陆海岸线空间地理数据为基础，分段测算与当前时期大陆海岸轮廓基线（即环绕大陆海岸线轮廓的折线）的长度比值，作为当前岸段的曲折度，最后以行政区划为单元，进行单元海岸线曲折度计算与分析。

6.3.1　评价方法

评价因子为大陆海岸线岸段实际长度和该岸段大陆海岸轮廓基线长度。

为了保证大陆海岸线曲折度的度量准确性和体现其历史变化的趋势，计算大陆海岸轮廓基线的方法显得尤为重要。我们以提取的不同时期大陆海岸线空间地理数据为参照基准，根据大陆海岸线曲折程度分析，利用线化简算法中的道格拉斯-普克（Douglas-Peukcer）算法，设置一定数值的重采样距离，对参照基准岸线进行线形重采样计算，以此方法计算得到的岸线作为当前时期大陆海岸轮廓基线。道格拉斯-普克算法示意图如图 6-10 所示。

然后，根据计算得到的不同时期大陆海岸轮廓基线的线段，以构成该线段的两个端点作垂线，与相同时期的大陆海岸线相交，并以相交点对大陆海岸线进行打断处理，计算两个相交点之间的大陆海岸线长度，以此作为大陆海岸线岸段实际长度。

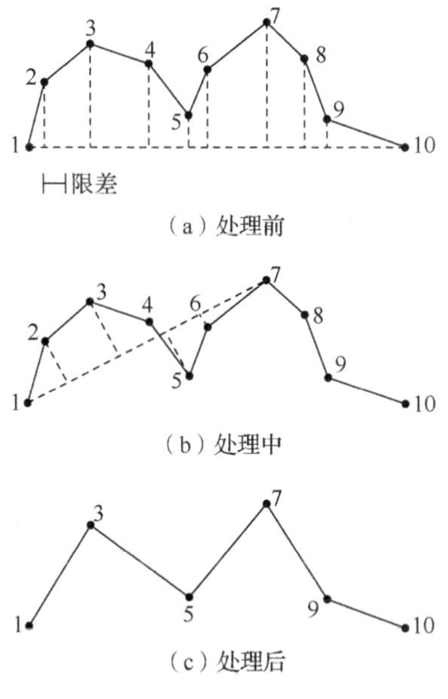

(a) 处理前

(b) 处理中

(c) 处理后

图 6-10　道格拉斯-普克算法示意图

最后，计算每个岸段的大陆海岸线岸段实际长度与该岸段对应的大陆海岸轮廓基线长度的比值，即该岸线岸段的曲折度，比值越大表示岸线曲折度越大。计算公式如下：

$$K = \frac{L}{L_S} \tag{6-3}$$

式中，K 为岸线曲折度；L 为大陆海岸线岸段实际长度；L_S 为当前岸段大陆海岸轮廓基线长度。

在此基础上，我们以地级市为单位，统计各市的大陆海岸线曲折度，并进一步汇总计算各省以及全国的大陆海岸线曲折度。根据岸线曲折度数值范围，将全国大陆海岸线曲折度划分为平缓区、微曲折区和强曲折区三个级别，并绘制大陆海岸线曲折度分级图。

6.3.2　海岸线曲折度变化总体情况

根据上述评价方法和计算公式，首先需要计算不同时期我国大陆海岸轮廓基线。经过计算分析，设定重采样距离为 0.02°（约 1.71 km），重采样后每段线段长度在 1～10km，采用道格拉斯-普克算法对提取的 1990 年、2000 年、2007 年和 2012 年四个时期的大陆海岸线进行重采样计算，获得四个时期的大陆海岸轮廓基线。汇总分析后，四个时期我国大陆海岸轮廓基线的长度如表 6-7 所示。

表 6-7 四个时期我国大陆海岸轮廓基线的长度 （单位：km）

区域	1990 年基线	2000 年基线	2007 年基线	2012 年基线
辽宁	1447.78	1463.51	1499.56	1722.64
河北	316.85	330.76	399.07	479.58
天津	114.44	154.44	152.27	270.63
山东	1943.18	1922.83	1915.5	2016.19
江苏	727.29	734.99	784.22	836.94
上海	163.80	168.92	173.04	175.81
浙江	1437.35	1502.23	1515.15	1555.37
福建	2131.79	2072.87	2037.45	2113.84
广东	2519.44	2516.25	2471.62	2584.33
广西	966.72	961.24	953.15	938.73
海南	1308.63	1280.81	1279.05	1320.63
全国	13291.15	13322.21	13393.99	14228.71

根据大陆海岸线岸段实际长度及岸线曲折度公式（6-3），计算 1990 年、2000 年、2007 年和 2012 年四个时期的大陆海岸线岸段实际长度，近而计算得出四个时期的大陆海岸线曲折度数值，如表 6-8 所示。

表 6-8 我国大陆海岸线曲折度变化统计

区域	1990 年	2000 年	2007 年	2012 年
辽宁	1.3562	1.4095	1.4244	1.3941
河北	1.2938	1.3398	1.3526	1.3292
天津	1.2659	1.3389	1.2280	1.1860
山东	1.3078	1.3546	1.3946	1.3986
江苏	1.1137	1.1442	1.1537	1.1479
上海	1.0610	1.1047	1.1091	1.1055
浙江	1.3480	1.3635	1.3620	1.3278
福建	1.4077	1.4044	1.4068	1.3944
广东	1.3266	1.3586	1.3710	1.2960
广西	1.7071	1.6964	1.6630	1.5350
海南	1.2711	1.2505	1.2298	1.2344
全国	1.3569	1.3735	1.3813	1.3466

从表 6-8 统计分析，1990～2012 年，我国大陆海岸线曲折度呈现波动趋势，

在 2007 年出现波峰，之后逐渐降低，到 2012 年时岸线曲折度已经低于 1990 年整体水平。整体来看，我国大陆海岸线较为曲折，广西壮族自治区岸线最为曲折，曲折度由 1.7071 减小为 1.5350；其次是福建省，曲折度由 1.4077 减小为 1.3944；而上海市曲折度最低。

1990～2012 年，我国大陆海岸线曲折度变化走向与岸线纵深度变化趋势基本相同。根据不同区域的走向特点，可分为以下三种类型。

（1）整体曲折度呈上升趋势。主要有山东省、江苏省和上海市三个地区，1990～2012 年，整体持续上升，其中山东省上升趋势幅度最大，20 多年间曲折度上升了 0.0908。详见图 6-11。

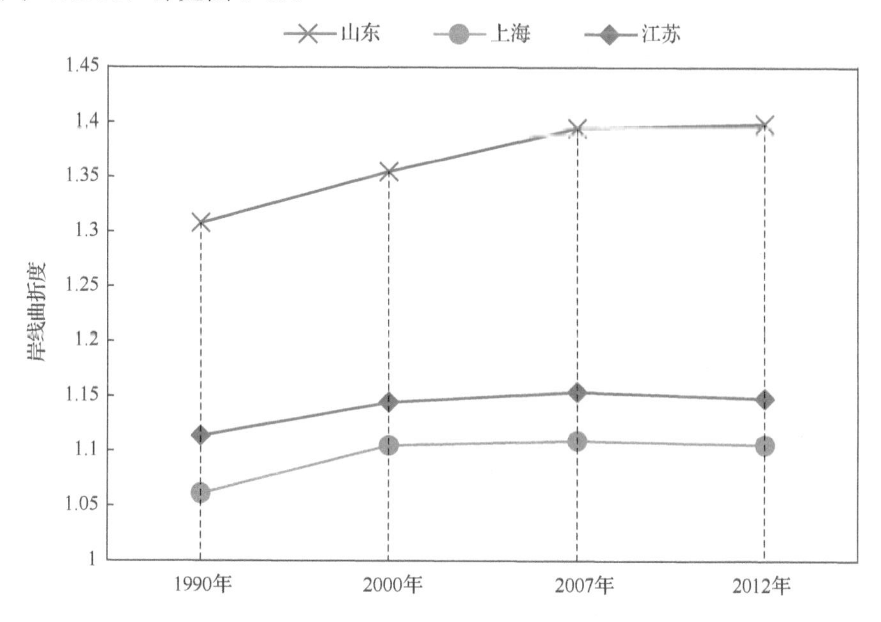

图 6-11　1990～2012 年大陆海岸线曲折度上升区域变化走向

（2）整体曲折度呈下降趋势。主要有福建省、广西壮族自治区和海南省三个区域，1990～2012 年，整体持续下降，其中广西下降趋势幅度最大，20 多年间曲折度下降了 0.1721。详见图 6-12。

（3）曲折度呈现波动趋势。主要有辽宁省、河北省、天津市、浙江省和广东省五个地区，20 多年间曲折度呈波浪形变化，除天津市外，其他四个地区都在 2007 年出现波峰，随后逐渐下降；而天津市在 2000 年出现波峰，下降幅度最大，2012 年较 2000 年下降了 0.1529，详见图 6-13。

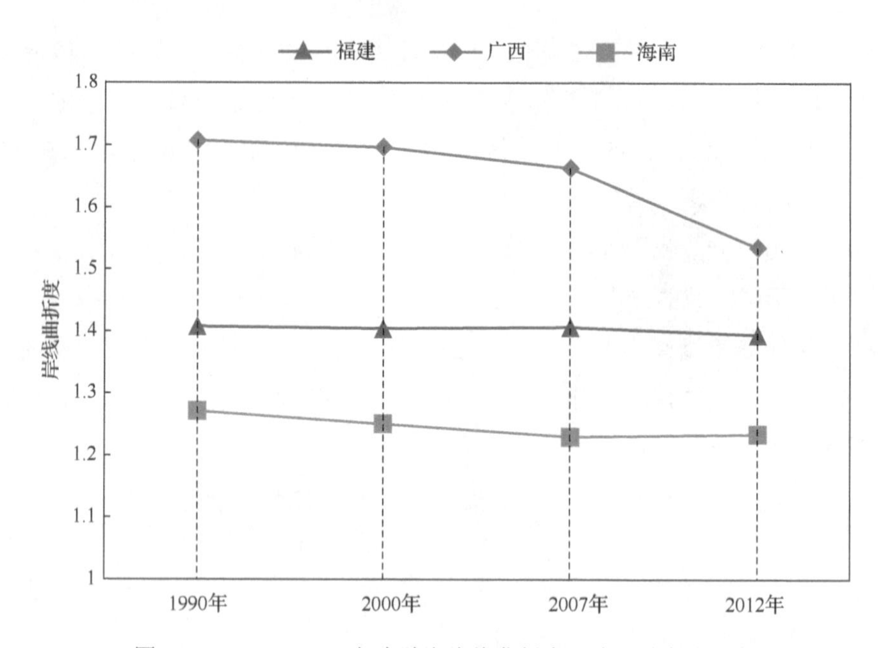

图 6-12　1990～2012 年大陆海岸线曲折度下降区域变化走向

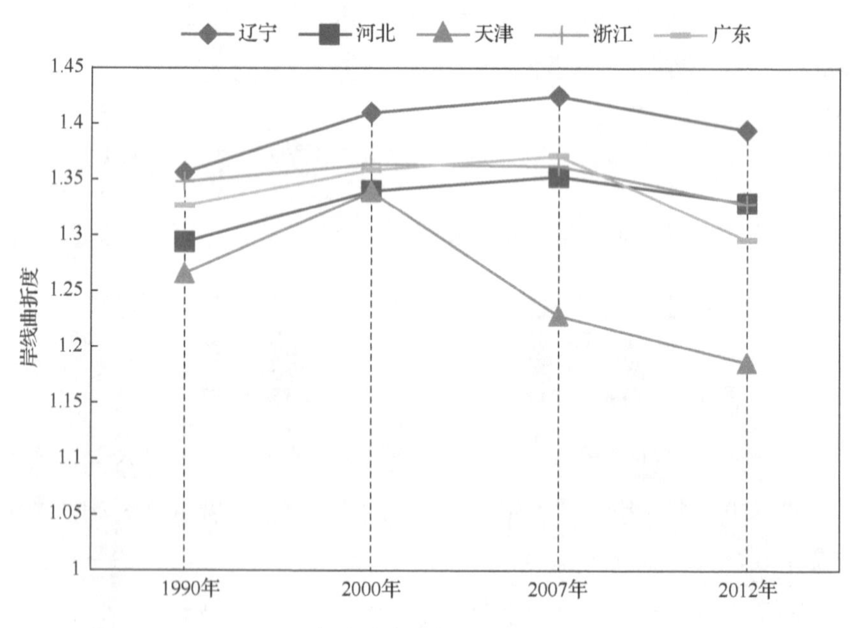

图 6-13　1990～2012 年大陆海岸线曲折度波浪变动区域变化走向

大陆海岸线曲折度变化影响因素分析如下。

（1）海岸线地质构造为本质因素。以钱塘江口为界，北方岸线曲折度小于南方岸线。北方海岸连着三大平原——东北平原、华北平原、长江中下游平原，南方岸线多为丘陵和山地。北方岸线的背后是内蒙古高原和黄土高原，有黄河、淮河和长江等源远流长的大河，丰富的水量，挟带着大量的泥沙，从西向东，顺着地势的下降，向海里倾泻。涨潮时海水又把泥沙托住，使它们大量沉积在海岸上。波浪和潮汐不断地冲刷，形成了弯曲很少的平直的海岸。南方海岸的河流多是源短流急，泥流很少，故海岸大部分以丘陵和山地为基底，基本上保留了原来丘陵山地的形状，岸线曲折，峰角突兀。

（2）海岸组成粒度为刚性因素。以钱塘江口为界，北方以泥沙构成的沙岸为主，南方主要是由岩石构成的岩岸。沙岸由于长年累月接受河流泥沙的沉积，遭受潮汐波浪的冲刷，一般比较平直和单调，岸前海水很浅。岩岸正好相反，它很少接受泥沙的沉积，岸线曲折，犬牙交错，岸前就是深水区。故以钱塘江口为界，北方岸线曲折度小于南方岸线。

（3）人工开发利用为主导因素。随着海洋经济的发展和陆域空间的饱和，人类活动不断向海洋扩张，大型港口、新城区、临港工业区等的建设，都引发了大规模的围填海活动，现阶段沿海各地围填海活动更是呈现出速度快、面积大、范围广的发展态势。由于围填海造成海岸线截弯取直，是岸线曲折度降低的主要原因。

（4）海洋自然灾害为环境因素。近年来，海洋自然灾害频发、海水入侵、海岸侵蚀、淤涨、海平面上升等，都导致了岸线的退缩或扩张，近而引起岸线曲折度的变化。

6.3.3 海岸线曲折度变化区划分

依据2012年我国大陆海岸线曲折度变化数值范围，根据分等定级方法，我国大陆海岸线曲折度变化区划分为平缓区、微曲折区和强曲折区三个级别。岸线曲折度变化区划分标准见表6-9。

表6-9　岸线曲折度变化区划分标准

级别	曲折度变化值 X
平缓区	$1 \leqslant X < 1.05$
微曲折区	$1.05 \leqslant X \leqslant 1.4$
强曲折区	$X > 1.4$

依据岸线曲折度变化区划分标准，以 2012 年岸线为基准，计算出 2012 年我国大陆海岸线曲折度变化区各类型的岸线长度，如表 6-10 所示。

表 6-10　沿海各省（区、市）大陆海岸线曲折度变化区各类型岸线长度　（单位：km）

行政区划	平缓区	微曲折区	强曲折区
辽宁	309.55	1017.15	1074.83
河北	80.19	333.67	223.60
天津	40.72	225.37	54.68
山东	359.44	1129.06	1331.34
江苏	284.37	575.61	100.74
上海	44.80	149.55	0.00
浙江	439.33	837.12	788.77
福建	306.31	1214.71	1427.46
广东	744.57	1728.57	876.15
广西	161.91	535.05	743.99
海南	642.26	660.33	327.60

由表 6-8 计算结果分析得出，整体来看，我国大陆海岸线曲折度呈现先升后降的波动趋势，截至 2012 年全国岸线曲折度平均值已经低于 1990 年数值，随着围填海规划布局和政策的改变，岸线曲折度将会得到一定改观。主要因素是人类活动改变了岸线曲折度的走向：一方面是围海养殖、滨海新区建设、临海工业围填海等，造成海湾消失或岸线截弯取直等现象较为频发，使岸线曲折度降低；另一方面是大型港口建设、海滨公园和围填海规划布局改变等，又相对增加了岸线的曲折度。

从岸线曲折度变化区分类结果来看，2012 年我国大陆强曲折区岸线长度为 6949.16km，占全国大陆海岸线总长度的 37.03%；而平缓区岸线长度仅为全国大陆海岸线总长度的 18.19%。其中，广西壮族自治区、福建省、山东省和辽宁省强曲折区岸线所占比例均大于 40%，而上海市无强曲折区岸线。

从 2012 年我国大陆海岸线平缓区岸线所占比例来看，海南省、江苏省、上海市、广东省和浙江省五个区域平缓区岸线所占比例大于 20%，其中海南省所占比例最大，为 39.40%，福建省平缓区岸线所占比例最小，为 10.39%，详见图 6-14。

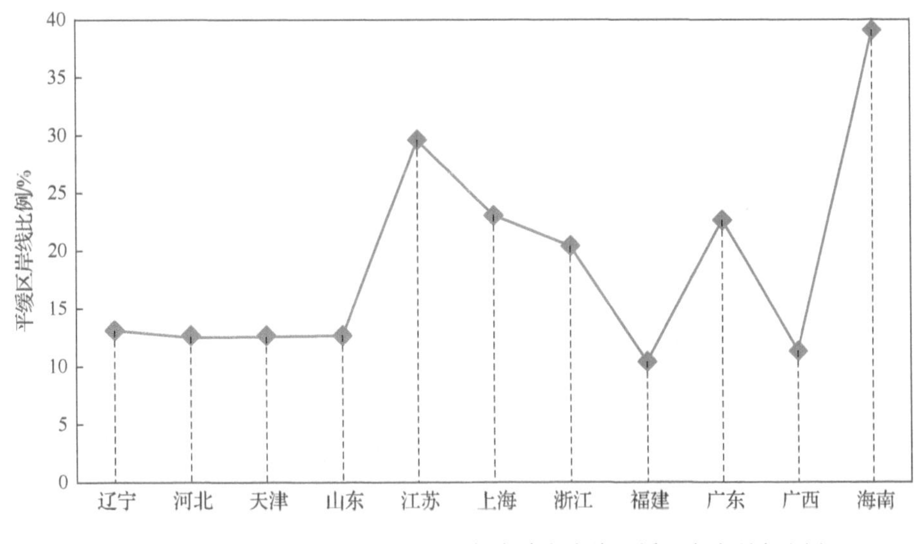

图 6-14　沿海各省（区、市）2012 年大陆海岸线平缓区岸线所占比例

6.4　海岸线开发强度

随着我国社会经济的不断发展，城市化和工业化对海域资源无序索取，海洋开发利用强度不断增加。据国家海洋局相关数据统计，1990～2012 年，距海岸线 1km 范围内海域被开发占用面积已经超过 80%。根据大陆海岸线遥感影像解析，我国大陆自然岸线锐减，由 1990 年的 11516.47km 减至 2012 年的 8006.34km，减少了 3510.13km；而人工岸线由 1990 年的 6362.32km 增至 2012 年的 11027.16km，长度相对增长了 73.32%。海岸线开发强度不断增强，为沿海地区经济建设和人口增长提供了发展和生存空间的同时，也带来了生态退化、环境恶化、资源衰退等问题。因此，我们应关注不同时期大陆海岸线开发强度的变化趋势，控制自然岸线减少量，调节大陆海岸线总长度。

分析海岸线开发强度的总思路是以不同时期的遥感卫星图片提取的海岸线空间地理数据为基础，测算自然岸线向人工岸线转变或人工岸线向海推进的人为开发利用的海域使用面积；以单位长度岸线上海域开发利用的面积来表示海岸线开发强度，再确定海岸线开发强度级别阈值，进行海岸线开发强度分级；以行政区划为单元，进行单元海岸线开发强度指数计算与分析。

6.4.1 评价方法

评价因子为两个时期内自然岸线向人工岸线转变或人工岸线向海推进的人为开发海域使用面积和占用大陆海岸线长度。

由两个时期的大陆海岸线类型与空间位置变化情况，提取新时期大陆海岸线类型为人工岸线的岸段，以每个岸段为单元，绘制一个垂直大陆海岸线主体走向的剖面与另一时期大陆海岸线相交，计算出相交的剖面面积值与两个交点间的大陆海岸线长度值，两值相除求出单位长度大陆海岸线上海域开发利用的面积，也就是此岸段海岸线开发强度；最后计算一个区域内的所有岸段海岸线开发强度平均值，即为此区域大陆海岸线开发强度。面积与长度的比值越大代表大陆海岸线开发强度越大，也就表示单位长度的大陆海岸线上海域开发利用的面积越大。大陆海岸线开发强度计算公式如下所示：

$$P = \frac{1}{n}\sum_{i=1}^{n}\frac{S_i}{L_i} \tag{6-4}$$

式中，P 为大陆海岸线开发强度；n 为垂直大陆海岸线主体走向的剖面数量；S_i 为第 i 个剖面的面积；L_i 为第 i 个剖面上的两交点间的大陆海岸线长度。这里岸线长度单位为千米（km），剖面的面积单位为公顷（hm^2），所以开发强度单位为公顷每千米（hm^2/km），即每千米海岸线上的海域开发利用面积。

在此基础上，我们以地级市为单位，统计各市的大陆海岸线开发强度，并进一步汇总计算各省（区、市）以及全国的大陆海岸线开发强度。最后，根据大陆海岸线开发强度数值范围，将全国大陆海岸线开发强度划分为轻度开发区、中度开发区和重度开发区三个级别，并绘制大陆海岸线开发强度分级图。

6.4.2 海岸线开发强度变化总体情况

根据上述评价方法和计算公式，求出 1990 年、2000 年、2007 年和 2012 年四个时期的大陆海岸线开发强度和开发强度变化速率，见表 6-11。

表 6-11　沿海各省（区、市）大陆海岸线开发强度和开发强度变化速率统计

行政区划	1990～2000 年		2000～2007 年		2007～2012 年		1990～2012 年	
	强度/(hm^2/km)	速率/[hm^2/(km·a)]	强度/(hm^2/km)	速率/[hm^2/(km·a)]	强度/(hm^2/km)	速率/[hm^2/(km·a)]	强度/(hm^2/km)	速率/[hm^2/(km·a)]
辽宁	18.20	1.82	23.66	3.38	28.03	5.61	35.24	2.94
河北	20.35	2.03	26.02	3.72	37.67	7.53	50.17	4.18
天津	26.16	2.62	81.63	11.66	85.78	17.16	92.15	7.68
山东	14.20	1.42	17.53	2.50	19.24	3.85	21.11	1.76
江苏	24.50	2.45	27.35	3.91	32.10	6.42	43.87	3.66
上海	24.75	2.47	20.93	2.99	20.12	4.02	42.80	3.57
浙江	20.12	2.01	20.78	2.97	26.13	5.23	25.39	2.12
福建	7.33	0.73	8.99	1.28	16.84	3.37	13.47	1.12
广东	16.05	1.61	10.21	1.46	13.65	2.73	17.79	1.48
广西	10.74	1.07	6.24	0.89	48.93	9.79	26.77	2.23
海南	9.24	0.92	5.54	0.79	18.48	3.70	11.73	0.98

注：时间区间范围数值为大于前一年度且小于等于后一年度，例如 1990～2000 年是指大于 1990 年且小于等于 2000 年

从表 6-11 统计分析可看出，我国海域空间资源的开发利用强度不断加大，占用岸线长度也随之增长，2012 年，全国海域开发利用占用岸线总长度约为 7742.71km，占全国岸线总长度的 43.92%，反映出截至 2012 年末全国已有近半的岸线因人为开发利用转为了人工岸线。

由全国大陆海岸线开发强度变化速率情况（图 6-15）来看，天津市和广西壮族自治区速率增长幅度最大，分别增长为原来的近 7 倍和 9 倍，而 2007～2012 年，天津市和广西壮族自治区大陆海岸线开发强度变化速率达到了 17.16 hm^2/（km·a）和 9.79 hm^2/（km·a）。由沿海各省（区、市）1990～2012 年大陆海岸线开发强度年均变化速率（图 6-16）来看，天津市海岸线开发强度年均变化速率最大，达到了年均 7.68 hm^2/km，河北省排第二位，海岸线开发强度年均变化速率 4.18 hm^2/km，而海南省年均速度最小，为 0.98 hm^2/km。

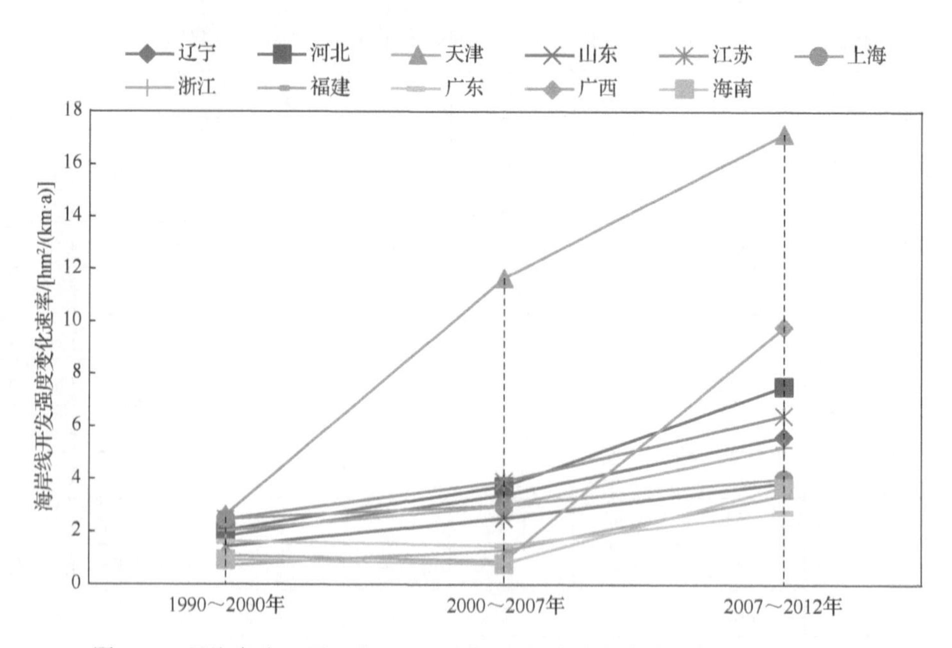

图 6-15　沿海各省（区、市）1990～2012 年大陆海岸线开发强度变化速率

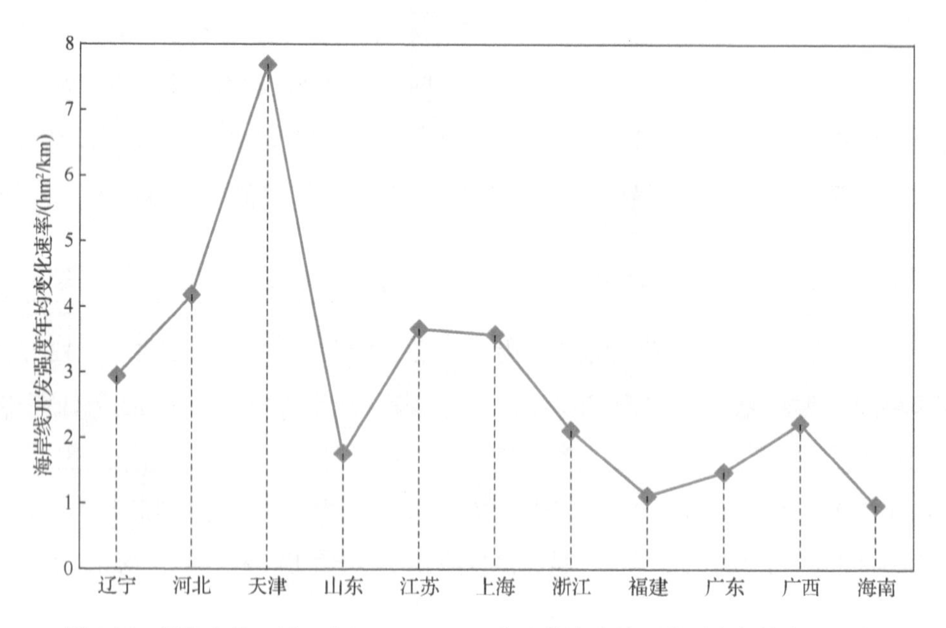

图 6-16　沿海各省（区、市）1990～2012 年大陆海岸线开发强度年均变化速率

由 1990～2000 年、2000～2007 年和 2007～2012 年三个时期岸线开发强度变化速率特点来分析，三个时期可概括为海岸开发的起步期、加速期和高潮期。

1. 1990～2000 年为起步期

2000 年以前，我国海域开发活动以海洋渔业、海洋盐业和海洋运输业等传统海域开发利用为主，改变海岸线和海域空间属性的行为较缓慢，这是海岸开发的起步期。

2. 2000～2007 年为加速期

2000 年以后，全球海洋开发热潮和人类对高质量生活空间的追求，促使海洋产业高速发展，配套的围填海行为逐步扩大，同时沿海城市的海陆界线加速了向海一侧的扩张，这些都加速了海岸开发的强度。

3. 2007～2012 年为高潮期

2007 年 3 月《中华人民共和国物权法》的出台，海洋开发迎来了一个新高潮。土地资源的紧缺，加快了滨海城市和临港工业区的建设，进而推动大规模的围填海项目开展，标志着海岸开发进入了高潮期。

6.4.3　海岸线开发强度变化区划分

依据 1990～2012 年我国大陆海岸线开发强度变化数值范围，根据分等定级方法，将我国大陆海岸线开发强度变化区划分为轻度开发区、中度开发区和重度开发区三个级别。岸线开发强度变化区划分标准见表 6-12。

表 6-12　岸线开发强度变化区划分标准　（单位：hm^2/km）

级别	开发强度变化值 X
轻度开发区	$0 < X \leqslant 10$
中度开发区	$10 < X \leqslant 50$
重度开发区	$X > 50$

依据岸线开发强度变化区划分标准，以 1990 年大陆海岸线为基准，计

算出 1990～2012 年我国大陆海岸线开发强度变化区各类型的岸线长度，见表 6-13。

表 6-13　沿海各省（区、市）大陆海岸线开发强度变化区各类型岸线长度　（单位：km）

行政区划	轻度开发区	中度开发区	重度开发区
辽宁	118.18	406.09	518.53
河北	24.11	67.05	163.64
天津	15.89	8.69	97.18
山东	185.49	355.09	629.57
江苏	45.23	131.30	429.96
上海	3.67	34.47	100.83
浙江	132.70	207.99	461.84
福建	331.37	558.86	240.10
广东	234.02	711.50	372.18
广西	140.01	427.61	64.93
海南	123.65	247.11	41.12

从岸线开发强度变化区分类结果来看，22 年中我国大陆海岸线开发强度变化区以重度开发区类型为主，其长度为 3138.96km，占全国大陆海岸线总长度的 17.81%；而未开发区岸线长度为全国大陆海岸线总长度的 56.38%。其中，天津、上海和江苏重度开发区岸线长度占行政区岸线比例均大于 50%，分别为 67.21%、58.02%和 53.08%，而海南、广西和福建重度开发区岸线长度所占比例不足 10%，分别为 2.53%、4.06%和 8.00%。

从 1990～2012 年我国大陆海岸线未开发区岸线所占比例来看，整体上北方岸线开发利用比例多于南方，海南、福建和广西未开发区岸线所占比例高于 60%，分别为 74.65%、62.34%和 60.48%；而天津、上海和江苏未开区岸线所占比例均不足 30%，分别为 15.79%、20.04%和 25.12%，详见图 6-17。

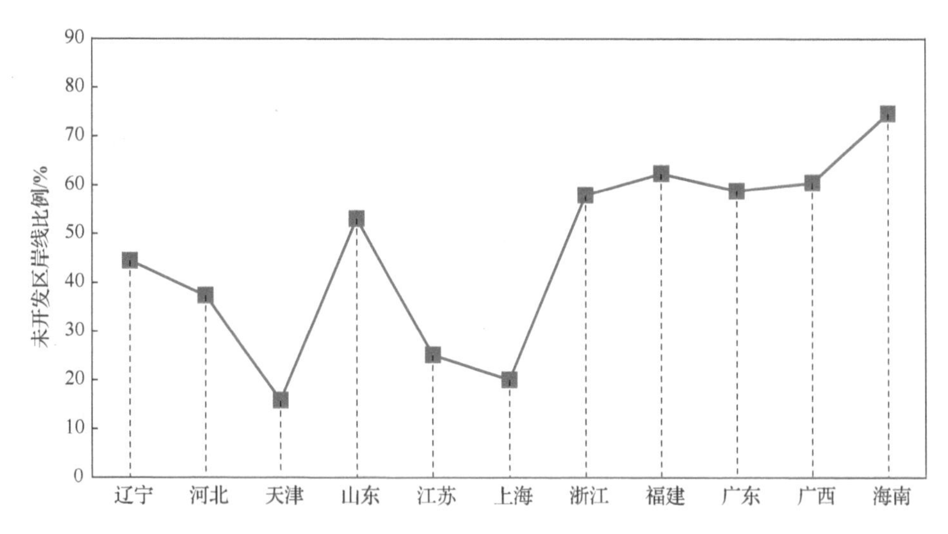

图 6-17　沿海各省（区、市）1990～2012 年大陆海岸线未开发区岸线所占比例

6.5　海岸线类型多样性

根据相关历史资料统计，中华人民共和国成立以来，我国海岸及近岸海域经历了 60 多年的高强度开发，大陆自然岸线锐减[52]。由遥感影像解析，大陆自然岸线 1990～2012 年减少了约 3312.57km，促使岸线类型结构由自然岸线向人工岸线转变进程加速。岸线类型结构趋于单一化，多样性指数不断降低，近而严重影响我国海岸生态系统平衡，造成自然景观受损严重、生态功能退化、防灾能力减弱以及利用效率低下等情况。因此，应关注不同时期大陆海岸线类型多样性的变化趋势，针对现状改良用海方式，调整岸线类型结构，改善海岸人居环境，增加亲海空间，维护海岸自然系统平衡。

分析海岸线类型多样性的总思路是了解不同时期的大陆海岸线各类型结构比例及分布，利用多样性指数模型，以行政区划为单元，对大陆海岸线进行多样性指数定量计算与分析，最后分析我国大陆海岸线类型多样性的变化趋势。

6.5.1　评价方法

评价因子为不同时期大陆海岸线各种类型的岸线长度。根据《海域卫星遥感动态监测技术规程》(国海管字〔2014〕500 号),将我国大陆海岸线类型划分为自然岸线、人工岸线和河口岸线三个一级类和 8 个二级类。

为了能够更加准确地分析我国大陆海岸线类型的多样性,我们以最小岸线分类(合计 9 个)为基准,以行政区划为单元,计算不同时期大陆海岸线各种类型的岸线长度。采用吉布斯-马丁(Gibbs-Martin)公式多样性指数来研究区域内各岸线类型的多样性,其模型如下所示:

$$G_M = 1 - \frac{\sum_{i=1}^{n} X_i^2}{\left(\sum_{i=1}^{n} X_i\right)^2} \tag{6-5}$$

式中,G_M 为大陆海岸线类型多样性指数;X_i 为第 i 种大陆海岸线类型的岸线长度;n 为评价区域内大陆海岸线的类型数。G_M 值越大,表明大陆海岸线类型越多,若某一区域内只有一种岸线类型,则多样性指数为 0;若区域内均匀分布了各种岸线类型,则多样性指数为 1;但是 G_M 值受类型数影响,当有 n 种岸线类型时,其最大值为 $\frac{n-1}{n}$。因此,可用 G_M 来分析某一区域内大陆海岸线类型的协调程度。

6.5.2　总体分析与评价

根据提取的不同时期我国大陆海岸线数据进行计算,求出 1990 年、2000 年、2007 年和 2012 年四个时期我国大陆海岸线各类型的岸线长度,见表 6-14。

表 6-14　四个时期我国大陆海岸线各类型岸线长度统计　　(单位:km)

年份	自然岸线				人工岸线				河口岸线
	基岩	砂质	粉砂淤泥质	生物	岸线防护工程	交通运输工程	围池堤坝	填海造地	
1990	3899.71	3508.24	2965.86	1142.67	170.77	362.24	4681.88	1147.44	156.06
2000	3845.68	3170.70	1927.68	737.10	268.22	588.21	6189.19	1424.86	146.36
2007	3807.72	2962.11	1577.23	633.85	307.37	738.82	6431.78	1905.13	137.30
2012	3501.42	2751.98	1282.96	469.98	315.83	1163.84	6850.20	2697.29	127.23

由表 6-14 统计分析可看出，我国大陆海岸线的自然岸线和河口岸线呈逐年减少趋势，而人工岸线逐年增加，从 1990 年到 2012 年，全国自然岸线减少了 3510.14km，相对 1990 年自然岸线总长度减少了 30%；河口岸线减少了 28.83km，相对 1990 年减少了 18%；而人工岸线增加了 4664.83km，相对 1990 年增加了近 1 倍。另外，至 2012 年底部分行政区域内已无自然岸线，如天津市和上海市。

以行政区划为单元，利用多样性指数模型，由 1990 年、2000 年、2007 年和 2012 年四个时期我国大陆海岸线各类型岸线长度数值，计算出这四个时期我国大陆海岸线类型多样性指数，见表 6-15。

表 6-15　四个时期我国大陆海岸线多样性指数

区域	1990 年	2000 年	2007 年	2012 年
辽宁	0.7560	0.7125	0.6913	0.6460
河北	0.5678	0.4969	0.6246	0.6807
天津	0.7299	0.7443	0.7213	0.6049
山东	0.7775	0.7852	0.7594	0.7754
江苏	0.6279	0.5240	0.5762	0.6564
上海	0.6875	0.5545	0.5226	0.5177
浙江	0.7374	0.6772	0.6773	0.6759
福建	0.7515	0.7365	0.7396	0.7639
广东	0.8064	0.7587	0.7620	0.7485
广西	0.5843	0.6181	0.6328	0.7038
海南	0.7105	0.7087	0.7035	0.7107
全国	0.8123	0.7913	0.7902	0.7893

根据四个时期我国大陆海岸线多样性指数计算结果分析，从全国来看，多样性指数整体上呈下降趋势，由 1990 年多样性指数排序可得出广东、山东和辽宁排在前三位，而到 2012 年时排在前三位的却是山东、福建和广东，由此可得出全国大陆海岸线多样性指数较复杂，各省（区、市）情况差别明显。

根据四个时期我国沿海各行政区大陆海岸线多样性指数变化的特点，可将行政区划分为三类：整体下降区、整体上升区和基本稳定区。下面详细说明三个类型各自的特点。

1. 整体下降区

四个时期海岸线多样性指数整体下降的有辽宁、天津、上海、浙江和广东五个区域，其中上海和天津两个区域下降比例最大（图 6-18），分别为 24.70%和 17.13%。主要原因是 1990 年存在的自然岸线到 2012 年已全部消失，被填海造地所取代，造成岸线类型减少（上海和天津都减少了 4 类），多样性指数下降。

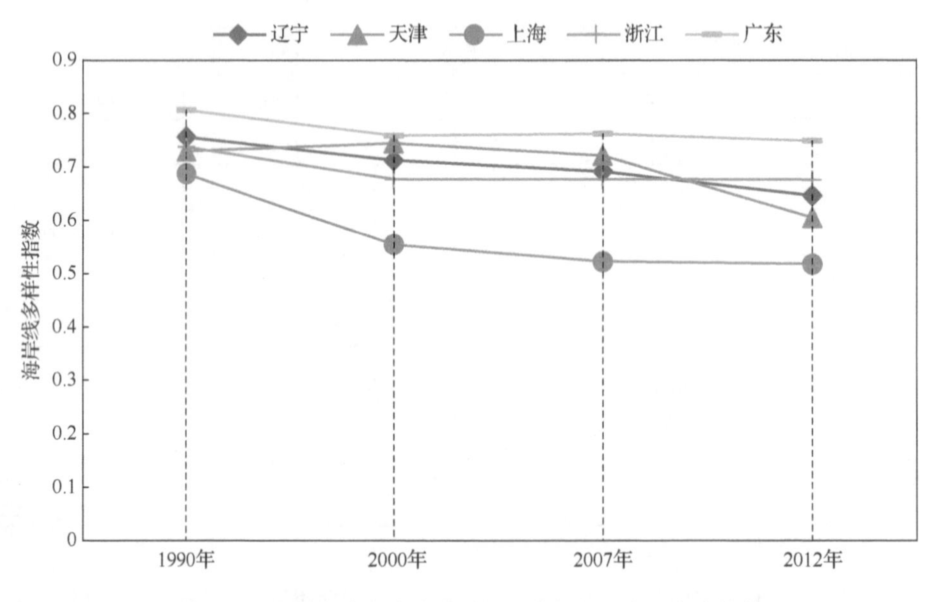

图 6-18　我国大陆海岸线多样性指数整体下降区变化趋势

2. 整体上升区

四个时期海岸线多样性指数整体上升的有河北和广西两个区域，指数上升比例分别为 19.88%和 20.45%（图 6-19）。广西海岸线多样性指数呈逐年上升趋势，从各类型岸线长度分析可看出，总岸线长度逐年减小，自然岸线减小幅度与人工岸线增加幅度相对持平；河北省在 2000 年时出现了一次大的波动，原因是粉砂淤泥质岸线大幅度减少，10 年间减少了 82.51%，而这段时期内人工岸线相对增加幅度较小，造成海岸线多样性指数下降，2000 年之后，河北省海域空间资源开发与利用热潮带动人工岸线大幅度增加，引起海岸线多样性指数的上升。

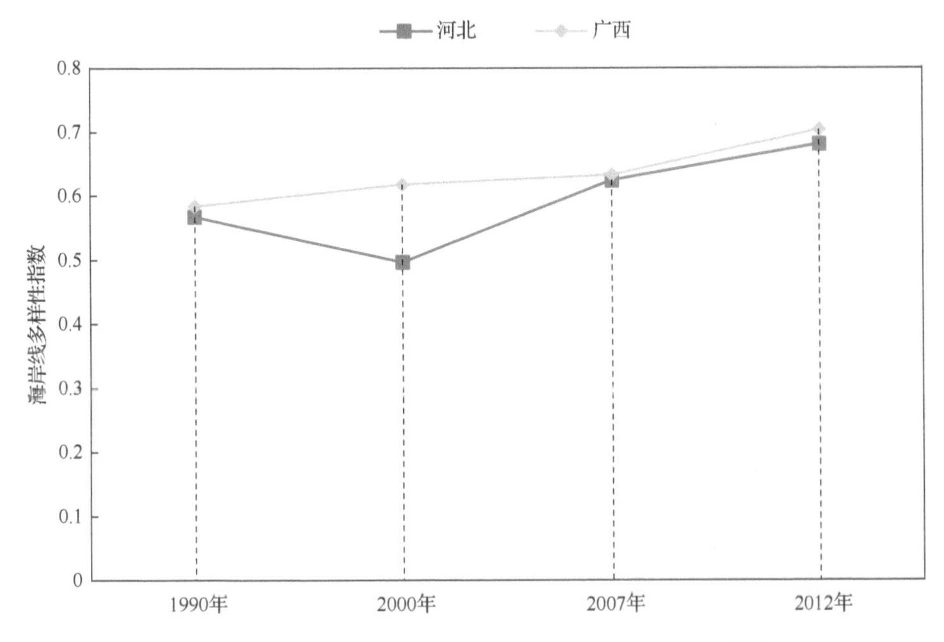

图 6-19　我国大陆海岸线多样性指数整体上升区变化趋势

3. 基本稳定区

四个时期海岸线多样性指数基本保持稳定的有山东、江苏、福建和海南四个区域，其中江苏在 2000 年时出现一次大波动，其他三个区域 22 年中相对稳定（图 6-20）。从江苏各类型岸线长度变化情况来看，江苏海岸线属于自然淤涨型，而随着自然环境的改变及人类对海域空间资源开发与利用的热潮，淤涨减缓，部分岸段出现向陆侵蚀，1990～2000 年，粉砂淤泥质岸线减少了 52.55%，而人工开发以养殖为主，所以人工岸线增加幅度减小，造成海岸线多样性指数下降，随后人类对海域空间资源的大量索取，引发人工岸线大幅度增加，从而海岸线多样性指数又呈上升趋势。

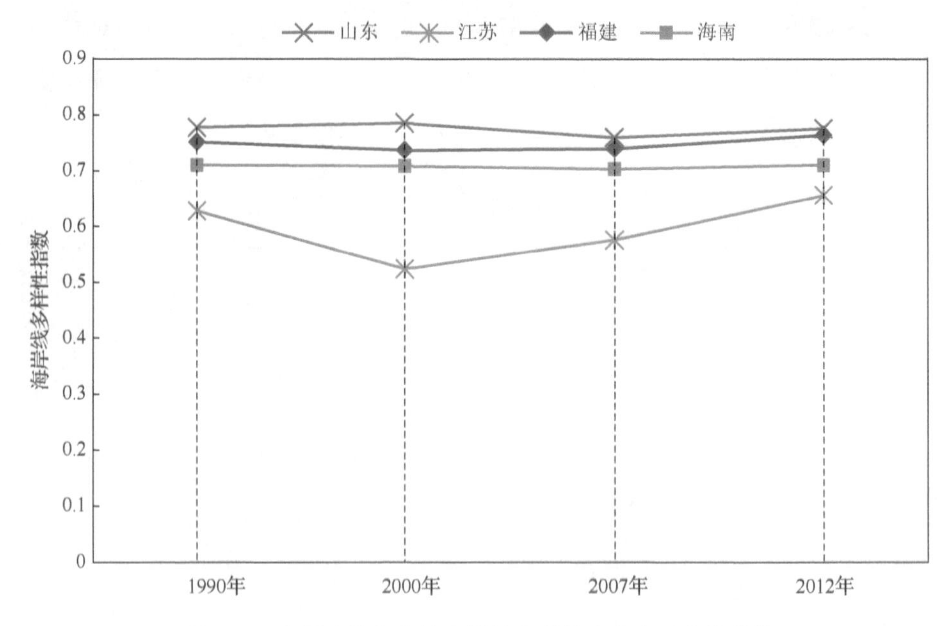

图 6-20　我国大陆海岸线多样性指数基本稳定区变化趋势

6.6　海岸线分形维数

海岸线分形维数是海岸线形态结构特征方面的一个指标，不仅反映了海岸线的弯曲复杂程度，也反映了海岸线的空间分布状况。随着我国海域开发力度的不断加大，海岸线的长度、曲折度和位置等自然属性不断发生变化，研究海岸线的复杂程度如何变化对海岸线变迁研究具有重要意义。

分形维数是海岸线性质的客观量度。1967 年美国科学家 Mandelbrot 在国际权威杂志《科学》上发表了《英国海岸线究竟有多长？》的论文[53]，指出由于海岸线复杂程度不同以及测量时使用的尺度不同，海岸线长度会出现变化，故而提出分形维数的概念。Mandelbrot 在 1967 年计算出英国海岸线的分形维数，此后 Philips[54]、Paar 等[55]、Jiang 等[56]、Cheng 等[57]、Zhu 等[58]先后计算出其他部分海域的海岸线分形维数。但全国范围大尺度和多年度海岸线的分形维数研究较少。

本章基于九期海岸线，采用网格法，借助 GIS 软件获取不同尺度下的覆盖海岸线的网格数，采用分形理论模型，求出各岸线的分形维数，并分析其动态与海岸线的长度、曲折度和纵深度之间的关系。

6.6.1 计算方法

评价因子为海岸线与不同尺度下覆盖海岸线的网格数。

海岸线分形维数的计算方法有两种：一是量规法，二是网格法。比较而言，网格法较为常用。

本节使用网格法计算海岸线的分形维数。网格法的基本思路是使用长度为ε的正方形网格去覆盖海岸线，当正方形网格长度ε出现变化时，则覆盖海岸线的网格数目 N 必然会出现相应的变化。根据分形理论得出公式（6-6）：

$$N_i(\varepsilon_i) \propto \varepsilon_i^{-D} \tag{6-6}$$

对式（6-6）两边同取对数可得式（6-7）：

$$\lg N_i(\varepsilon_i) = -D\lg\varepsilon_i + A \tag{6-7}$$

式中，A 为待定常数；D 为海岸线的分形维数。

6.6.2 海岸线分形维数结果分析

基于网格法，在 GIS 等技术的支持下，得出本书九期大陆海岸线的网格数，将值代入公式（6-7），获得我国大陆海岸线的分形维数，九期岸线的拟合相关系数均为 0.9999，计算结果如表 6-16 所示。

表 6-16　我国大陆海岸线分形结果

年份	网格数/个							拟合公式	分形维数
	1 分	5 分	10 分	15 分	20 分	30 分	40 分		
1990	9687	1422	631	397	272	168	120	y=−1.1903x+9.1817	1.1957
2000	9678	1411	625	394	268	167	119	y=−1.1923x+9.1787	1.1943
2002	9625	1409	625	394	267	167	119	y=−1.1911x+9.1742	1.1911
2007	9731	1417	628	394	268	168	120	y=−1.1923x+9.1827	1.1923
2008	9739	1418	628	395	269	168	120	y=−1.1922x+9.1837	1.1922
2009	9808	1421	627	397	268	168	119	y=−1.1954x+9.1913	1.1954
2010	9870	1425	630	397	269	168	119	y=−1.1970x+9.1977	1.1970
2011	9992	1436	633	396	269	166	118	y=−1.2033x+9.2119	1.2033
2012	10083	1441	635	397	269	166	118	y=−1.2058x+9.2215	1.2058

由表 6-16 可以看出，九期海岸线的分形维数保持在 1.19～1.21，均大于海岸线的拓扑维数 1，小于它所在空间的维数 2。

6.6.3　1990～2012 年大陆海岸线分形维数的动态变化分析

根据九期大陆海岸线的分形维数建立折线图，见图 6-21。我国大陆海岸线分形维数时空变化较大，从整体上来说，可分为两个阶段：下降阶段和整体上升阶段。

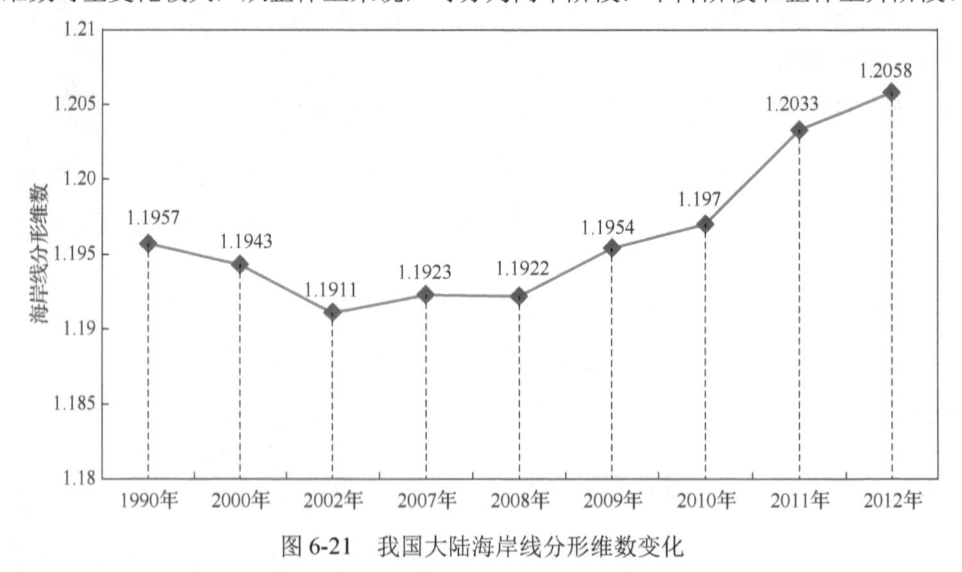

图 6-21　我国大陆海岸线分形维数变化

1. 下降阶段

1990～2002 年，我国大陆海岸线分形维数整体处于下降阶段。其中 1990～2000 年的下降速度小于 2000～2002 年的下降速度。

2. 整体上升阶段

2002～2012 年，我国大陆海岸线分形维数整体呈上升趋势，2008 年出现 0.0001 的下降。2009 年和 2011 年的分形维数增长速度较快，其中 2011 年分形维数的数值变化已达 0.0063。

6.6.4　海岸线分形维数变化趋势分析

1. 2002 年之后我国大陆海岸线的分形维数与海岸线长度的变化趋势基本一致

对比表 6-1 与图 6-21 可以看出，2002～2012 年，我国大陆海岸线分形维数的变化趋势与海岸线长度变化基本一致。为了更好地分析它们的变化趋势，采用端点速率法，计算出我国大陆海岸线长度与分形维数平均变化速率，结果如表 6-17 所示。

表 6-17　我国大陆海岸线分形维数及岸线长度平均变化速率

时间区间	平均变化速率	
	分形维数/a^{-1}	岸线长度/(km/a)
1990～2000 年	−0.0001	26.301
2000～2002 年	−0.0016	−10.147
2002～2007 年	0.0002	30.491
2007～2008 年	−0.0001	1.453
2008～2009 年	0.0032	8.407
2009～2010 年	0.0016	4.487
2010～2011 年	0.0063	30.193
2011～2012 年	0.0025	21.403

注：时间区间范围数值为大于前一年度且小于等于后一年度，例如 1990～2000 年是指大于 1990 年且小于等于 2000 年

由表 6-17 可知，我国大陆海岸线长度和分形维数在 2000～2002 年均出现下降趋势，在 2010～2011 年的平均增长速率均较大，表明海岸线的复杂程度与海岸线的长度有一定的关系，但不是完全一致。

2. 我国大陆海岸线的分形维数与海岸线曲折度的变化趋势完全相反

海岸线的分形维数反映的是海岸线的复杂程度，为了更好地观察其变化趋势，作出其与曲折度的变化趋势图。由图 6-22 可以看出，分形维数与曲折度的折线变

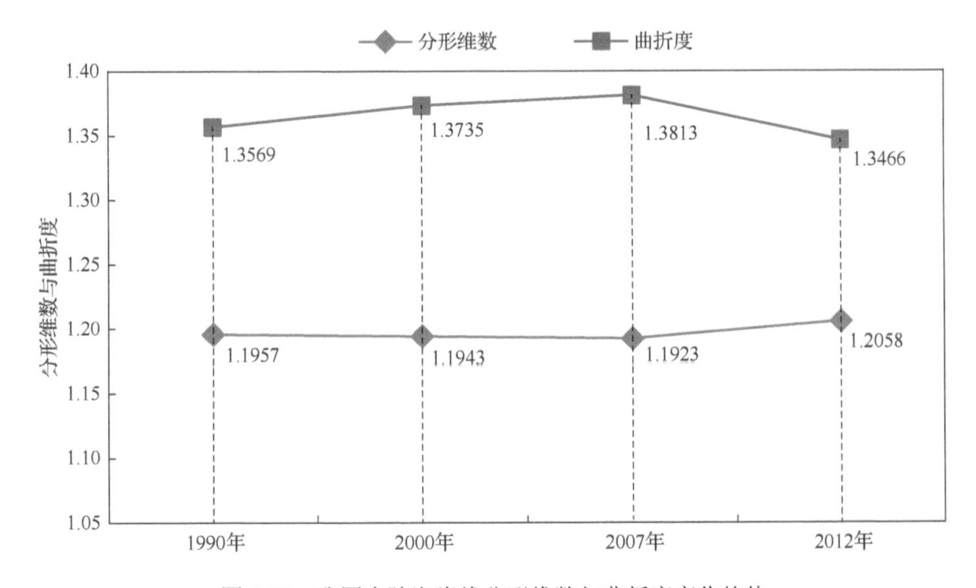

图 6-22　我国大陆海岸线分形维数与曲折度变化趋势

化趋势完全相反。海岸线的曲折度越大，分形维数越小，即海岸线的复杂程度越小。从一定程度来说，海岸线的曲折度越大，其内部的自相似程度也就越高。

3. 我国大陆海岸线的分形维数的变化趋势与海岸线稳定性密切相关

海岸线的侵蚀速度和淤积速度直接改变海岸线的长度和海岸线的曲折度。各时间段的海岸线的分形维数和纵深度的平均变化速率见表 6-18。由表 6-18 可以看出，海岸线的分形维数平均变化速率与平均负纵深度平均变化速率，即海岸线的侵蚀速度变化趋势一致。

表 6-18　我国大陆海岸线分形维数及纵深度平均变化速率

时间区间	平均变化速率		
	分形维数/a^{-1}	平均负纵深度/(m/a)	平均正纵深度/(m/a)
1990～2000 年	-0.00014	-12.58	15.844
2000～2007 年	-0.00029	-17.52	25.12
2007～2012 年	0.0027	-12.31	75.088

注：时间区间范围数值为大于前一年度且小于等于后一年度，例如 1990～2000 年是指大于 1990 年且小于等于 2000 年

第 7 章　海岸线综合利用格局分析与评价

7.1　相 关 理 念

1. 陆海统筹

陆海统筹是在区域社会发展的过程中，将陆海作为两个独立的系统来分析，综合考虑二者的经济、生态和社会功能，利用二者之间的物质流、能量流、信息流等联系，以全面、协调、可持续发展观为指导，对区域的发展进行规划，并制定相关的政策指引，以实现资源的顺畅流动，形成资源的互补优势，强化陆域与海域的互动性，从而促进区域又好又快地发展。要实现陆海统筹，最主要的是处理好陆海两个系统之间的关联性，疏通二者之间的资源交换通道，为实现二者之间的优势资源互补创造条件，以此为出发点对二者进行统一的规划与设计，从而实现海域与陆域经济的协调发展。

陆海统筹包括如下四个内涵：

（1）陆海统筹是一个区域发展的指导思想。

（2）陆海统筹强调统一规划、整体设计。

（3）陆海统筹离不开全面、协调、可持续发展观的指导。

（4）陆海统筹还是一种思想和原则，是一种战略思维，是解决陆域与海域发展的基本指导方针，是统一筹划沿海陆域与海洋两大系统的资源利用、经济发展、环境保护、生态安全的区域政策。

2. 多规合一

“多规合一”是指将国民经济和社会发展规划、城乡规划、土地利用规划、生态环境保护规划等多个规划融合到一个区域上，实现一个市县一本规划、一张蓝图，解决现有各类规划自成体系、内容冲突、缺乏衔接等问题。

3. 陆海综合体

为解决陆海传统单一空间资源、信息孤岛和陆海分离管控等问题，本节提出陆海综合体理念，即一个包括陆域、陆海交替的潮间带及海域海岛的复杂特殊区域，是一个资源丰富、人类活动频繁、信息庞大的生态综合体与生产综合体的复杂复合综合体（图 7-1）。

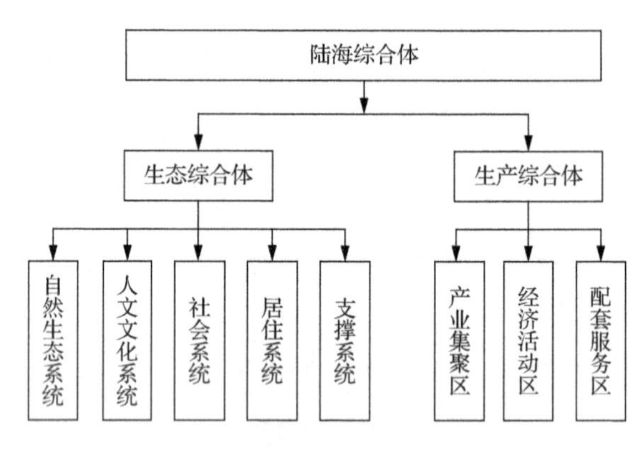

图 7-1　陆海综合体的理念框架

生态综合体是一种新兴的人居生态导向型的海陆综合利用方式，是人工要素与传统资源、自然生态、居住环境等相关联的集合，它包含自然生态系统、人文文化系统、社会系统、居住系统和支撑系统五大要素，它是通过系统的组合构筑在一个特定区域的人居生态环境体系。

生产综合体是生产力的一种有效的空间组织形式，由一个或若干个生产枢纽组成的产业集聚区，在枢纽区内部，以经营类企业为核心，各产业依照它们之间的关联程度，依次呈圈层分布，各类原材料和能源在一个区域内进行循环处理，达到资源的最有效利用；同时，这个综合体是一个开放的经济地域系统，体现现代产业的动态开放性。生产综合体包含产业集聚区、经济活动区、配套服务区三大要素。

7.2　影响指标体系

本节从海域开发利用对海岸线影响的宏观角度出发，依据用海活动和保护规划的相关理论，综合考虑海岸带区域的自然、环境、社会经济和区位等多种因素，选取 11 个指标组成海岸线综合利用格局分析的影响指标体系，其中包含 8 个适宜性指标、3 个限制性指标（表 7-1）。

表7-1 海岸线综合利用格局影响指标体系

一级类型	二级类型	指标数据来源
适宜性指标	岸线利用类型	基于2015年遥感影像数据解析
	海水质量	《2016年中国海洋环境状况公报》
	海岸线开发强度	基于2015年遥感影像数据解析
	海洋功能区划	沿海省批复的省级海洋功能区划（2011～2020年）
	沿海经济发展规划	国务院批复的沿海经济发展规划
	海洋保护区	国家和沿海省级人民政府划定数据
	区域用海规划	国家海洋局批复数据
	海域使用集中区	国家海洋局和各级人民政府批复数据
限制性指标	海洋生态红线	沿海省划定的海洋生态红线
	全国主体功能区规划	沿海省人民政府批复的省级主体功能区规划
	全国海洋主体功能区规划	沿海省人民政府批复的省级海洋主体功能区规划

指标详细说明如下。

（1）岸线利用类型。主要包含人工岸线和自然岸线，反映海岸线的基本属性。

（2）海水质量。取《2016年中国海洋环境状况公报》中第一类、第二类、第三类、第四类和劣于第四类水质海域空间分布范围，反映海域环境质量状况。

（3）海岸线开发强度。通过遥感影像解析2015年海岸线，分析1990年以来的人为开发利用程度，反映海岸线人工化强度。

（4）海洋功能区划。取沿海省级海洋功能区划中的海岸基本功能区，包含8类功能区类型，反映海岸线开发利用的规划方向。

（5）沿海经济发展规划。取国务院批复的沿海经济发展规划，根据具体功能定位划分工业区、生态新城区和滨海旅游区三类，反映海岸线开发利用的功能走向。

（6）海洋保护区。取国家和沿海省级人民政府划定的海洋自然保护区和海洋特殊保护区，反映海岸线保护的重要区域条件。

（7）区域用海规划。取国家海洋局批复的全国区域用海规划，包含建设区域用海规划和农业围垦区域用海规划两类，反映海岸线开发利用类型的区域分布。

（8）海域使用集中区。取国家海洋局和各级人民政府批复的海域使用权属数据，划分为造地工程用海区、工业用海区、交通运输用海区、盐业用海区、渔业用海区、旅游娱乐用海区和特殊用海区七类，反映海岸线开发利用的集中区域分布。

（9）海洋生态红线。取各沿海省划定的海洋生态红线空间范围，管控范围包括禁止开发区和限制开发区两类，反映空间区域海岸线开发利用的限制条件。

（10）全国主体功能区规划。取沿海省人民政府批复的省级主体功能区规划空间范围，范围包括优化开发区、重点开发区、限制开发区和禁止开发区，反映空间区域海岸线开发利用的限制条件。

（11）全国海洋主体功能区规划。取沿海省人民政府批复的省级海洋主体功能区规划空间范围，范围包括优化开发区、重点开发区、限制开发区和禁止开发，反映空间区域海岸线开发利用的限制条件。

7.3　海岸线综合利用格局分析

本节主要从海岸线类型变化、开发强度、岸线利用现状和陆海综合体四个方面进行海岸线综合利用格局分析。

7.3.1　海岸线利用现状

在海岸线类型变化和开发强度分析结果基础上，综合海岸线开发利用影响指标，参照《海域使用分类体系》（2008 年）的分类标准，从海岸线利用的用途角度，将海岸线利用类型划分为养殖岸线、工业岸线、港口岸线、城镇建设岸线、亲海岸线、生态保护岸线和其他七类（表 7-2），并分析各类型海岸线的空间布局特征。

表 7-2　海岸线利用分类

序号	岸线利用类型	详细用途
1	养殖岸线	围海养殖占用海岸线
2	工业岸线	各类工业用海占用海岸线
3	港口岸线	港口交通运输用海占用海岸线
4	城镇建设岸线	城镇建设用海占用海岸线
5	亲海岸线	旅游娱乐用海占用海岸线
6	生态保护岸线	海洋保护区用海占用海岸线
7	其他	其他用海占用海岸线

研究基本思路：首先，针对海岸线开发利用影响指标进行海岸线利用用途的相关性分析，将各指标空间矢量化并进行标准化属性赋值；其次，采用 GIS 空间叠加分析方法对各类指标与单元岸线进行空间归一化处理；最后，对各岸线单元进行海岸线利用属性与空间分析计算，获得海岸线利用分类的空间布局。

依据海岸线开发利用与保护规划对海岸线开发利用的影响机制进行分析，从影响指标体系中选择 6 类指标进行海岸线利用用途的相关性分析，获得各指标与海岸线利用相关性对照表（表 7-3）。

表 7-3　影响指标与海岸线利用相关性对照表

序号	指标名称	海岸线利用类型						
		生态保护岸线	亲海岸线	工业岸线	养殖岸线	港口岸线	城镇建设岸线	其他
1	海域使用集中区	海洋保护区用海	旅游娱乐用海	工业用海、海底工程用海、排污倾倒用海、造地工程用海	渔业用海	交通运输用海	城镇建设填海造地用海	其他用海
2	海洋功能区划	海洋保护区、特别利用区	旅游休闲娱乐区	工业与城镇用海区、矿产与能源区	农渔业区	港口航运区	工业与城镇用海区	保留区
3	沿海经济发展规划	—	滨海旅游区	工业区	—	—	生态新城区	—
4	海洋保护区	保护区范围内	—	—	—	—	—	—
5	区域用海规划	—	—	建设区域用海规划（产业园区）	农业围垦区域用海规划	建设区域用海规划（港口产业）	建设区域用海规划（新型城镇）	—
6	海洋生态红线	禁止开发区、限制开发区	限制开发区（重要滨海旅游区）	—	—	—	—	—

注：“—”代表该项指标与海岸线利用类型无确定性关联关系

7.3.2　陆海综合体分布

依据海岸线利用现状分析结果，结合陆海综合体理念，归纳与分析海岸线利用现状与陆海综合体的相关性，并进行海岸线利用现状的生态综合体和生产综合体的聚合分析，获得两个综合体的空间分布情况。海岸线利用现状与陆海综合体的相关性对照表如表 7-4 所示。

表 7-4　海岸线利用现状与陆海综合体的相关性对照表

序号	陆海综合体	海岸线利用现状
1	生态综合体	亲海岸线
		生态保护岸线
		城镇建设岸线
2	生产综合体	养殖岸线
		工业岸线
		港口岸线

7.4　海岸线综合利用适宜性评价

研究思路是通过对海岸线的自然属性、周边环境特征、开发利用现状、保护总体规划、生态保护与建设需求等一系列因素进行系统的分析，筛选一定的影响因子；构建适宜性评价模型，并根据各因子的特点进行标准化赋值，以及采用层次分析法计算指标因子权重；对海岸线综合利用进行适宜性评价分析，获得海岸线综合利用适宜性分区，研究其综合利用发展模式。

7.4.1　适宜性评价模型构建

借鉴生态适宜性评价方法的基本思路，筛选适宜性相关因子，并将各项因子指标转化为同度量的个体指数，再与利用层次分析法计算的权重相乘，然后相加，最后计算出综合评价指数，这就是综合指数法。其基本表达形式可以用公式（7-1）表示：

$$S=\sum_{i=1}^{n}X_iW_i \tag{7-1}$$

式中，S 为综合评价指数；X_i 为第 i 项评价因子的赋值；W_i 为第 i 项评价因子的权重。

采用综合指数法进行海岸线综合利用适宜性评价存在的问题是每个变量对岸线利用适宜性的贡献是十分复杂的，既有正面影响，又有负面影响，有些因素对海岸线利用构成绝对限制或禁止，有些则构成发展潜力，因此采用统一的评分标准只考虑了量的差异，并没有考虑质的差异。

本书采用改进的限制性综合指数法，其原理是将评价指标因子划分为适宜性和限制性两类，借鉴“生态红线”划定原则和“短板效应”的思路，在限制性指标矩阵中计算出限制性因子的变量值 R（R 矩阵构建模型），最后在综合评价指数的基础上乘以限制性因子变量值 R，获得海岸线综合利用适宜性指数。原理如图 7-2 所示。

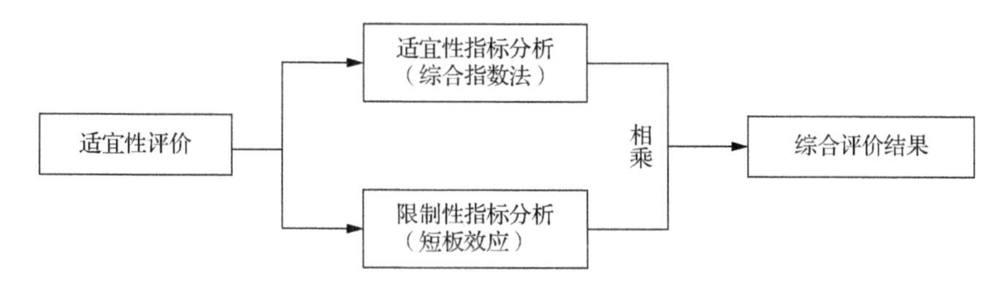

图 7-2　改进的限制性综合指数法基本原理

根据限制性综合指数法基本原理，公式（7-1）可以修正为公式（7-2）的形式：

$$\mathrm{SI}=\left(\sum_{i=1}^{n}X_iW_i\right)R \tag{7-2}$$

式中，SI 为海岸线综合利用适宜性指数；X_i 为第 i 项适宜性评价因子的赋值；W_i 为第 i 项适宜性评价因子的权重；R 为岸线单元区域的限制性因子变量值。

7.4.2　指标赋值及权重计算

从海岸带区域的自然、环境、社会经济和区位等多种因素综合考虑，选取海岸线综合利用影响指标体系（适宜性指标 8 个、限制性指标 3 个），进行海岸线综合利用适宜性评价分析。

1. 适宜性指标权重计算

依据人类活动造成海岸线资源破坏、对生态系统平衡的影响和海洋环境本身的承载力与可持续再生能力，以保护自然生态环境为目的，遵循规划衔接、陆海统筹、生态优先、集中布局、集约节约利用海岸线资源的原则，按照海岸线开发利用适宜程度由高到低将开发利用适宜等级划分为高适宜区、中适宜区、低适宜区和非适宜区 4 级，分别赋值为 7、5、3、1。

采用层次分析法对海岸线综合利用适宜性评价的 8 个适宜性指标权重进行计算，对所列指标两两比较重要程度逐层进行判断评分，构造判断矩阵，然后利用方根法求得最大特征根对应的特征向量，得到单项指标对总目标的重要性权值，检验判断矩阵一致性比例为 0.0108，结果非常满意。适宜性指标权重如表 7-5 所示。

表 7-5　适宜性指标分级标准及权重

序号	指标名称	属性分类	分级赋值	开发利用适宜等级	权重
1	岸线利用类型	人工岸线	5	中适宜区	0.0752
		基岩岸线、砂质岸线、粉砂淤泥质岸线、河口岸线	3	低适宜区	
		生物岸线	1	非适宜区	
2	海水质量	一类、二类	7	高适宜区	0.0178
		三类、四类	5	中适宜区	
		劣于四类	3	低适宜区	
3	海岸线开发强度	强度开发区	7	高适宜区	0.0495
		中度开发区	5	中适宜区	
		轻度开发区	3	低适宜区	
		未开发区	1	非适宜区	
4	海洋功能区划	工业与城镇用海区	7	高适宜区	0.1427
		矿产与能源区、港口航运区	5	中适宜区	
		农渔业区、特别利用区、旅游休闲娱乐区	3	低适宜区	
		海洋保护区、保留区	1	非适宜区	
5	沿海经济发展规划	工业区	7	高适宜区	0.1472
		生态新城区	5	中适宜区	
		滨海旅游区	3	低适宜区	
6	海洋保护区	实验区、适度利用区、生态与资源恢复区	3	低适宜区	0.2753
		缓冲区、核心区、重点保护区、预留区	1	非适宜区	
7	区域用海规划	建设区域用海规划	7	高适宜区	0.1472
		农业围垦区域用海规划	5	中适宜区	
8	海域使用集中区	造地工程用海区	7	高适宜区	0.1451
		工业、交通运输用海区	5	中适宜区	
		盐业、渔业用海区	3	低适宜区	
		旅游娱乐、特殊用海区	1	非适宜区	

2. 限制性指标变量值计算

不同因子权重决定某一特定指标对适宜性的贡献度，对于限制性指标的权重，我们采取“极值”原则，体现区域生态环境保护对人类活动的敏感性。将限制性指标的限制等级由高到低划分为 4 级，即禁止开发、限制开发、优化开发和重点开发，分别确定变量值为 0、1、3、5（表 7-6）。根据“极值”和“短板效应”原则，计算适宜性指数时，叠加限制性指标等级由最高限制等级确定，体现了生态学的“最小限制定律”。

表 7-6　限制性指标分级标准及变量值

序号	指标名称	限制等级	变量值
1	海洋生态红线	禁止开发	0
		限制开发	1
2	全国主体功能区规划	禁止开发	0
		限制开发	1
		优化开发	3
		重点开发	5
3	全国海洋主体功能区规划	禁止开发	0
		限制开发	1
		优化开发	3
		重点开发	5

7.4.3 综合利用适宜性分类

依据海岸线综合利用适宜性指数模型及适宜性指标和限制性指标计算方法，获得的综合评价指数数值区间范围为 0～17.2452，采用聚类法将其分为 4 类区域：生态保护岸线区、公众亲海岸线区、民生保障岸线区和工业岸线区。海岸线综合利用适宜性类型划分标准如表 7-7 所示。

表 7-7　海岸线综合利用适宜性分类

区域	综合评价指数 X
生态保护岸线区	$0 \leq X \leq 2.2742$
公众亲海岸线区	$2.2742 < X \leq 3.6427$
民生保障岸线区	$3.6427 < X \leq 11.2125$
工业岸线区	$X > 11.2125$

1. 生态保护岸线区

这是以生态保护功能为主导，禁止开发海洋活动的岸线区域，空间分布主要位于生物岸线、海洋保护区、保留区、自然保护区核心区、清洁海域等范围内。

2. 公众亲海岸线区

亲海活动是指公众能够到达和参与亲近海洋、接近海洋、接触海洋的行为，并获得身体放松、净化心灵和物质需求的一种体现。这是以旅游休闲娱乐功能为主导，辅以开放式的农渔业用海活动的岸线区域，空间分布主要位于自然岸线、河口岸线、清洁海域、开放式农渔业区、特别利用区、旅游休闲娱乐区、滨海旅游区、自然保护区等范围内。

3. 民生保障岸线区

民生保障岸线是指基本保障民众的生存、生活、教育等开发利用海洋所占用的海岸线。民生保障岸线区是以生态新城、城镇基础设施、垃圾处理、渔业、交通与渔业港口、科研教育等用海功能区为主导的岸线区域，空间分布主要位于城镇用海、农业围垦、渔业用海、盐业用海、交通运输用海、科研教学用海、倾倒区用海等范围内。

4. 工业岸线区

这是以围绕工业生产和配套设施建设用海功能为主的岸线区域，空间分布主要位于人工岸线、建设区域用海、工业用海、矿产与能源区、港口航运区等范围内。

根据海岸线综合利用适宜性分类的划分依据，针对海岸线综合利用影响指标进行相关性分析，得到影响指标与海岸线综合利用适宜性分类相关性对照表（表 7-8）。

表 7-8 影响指标与海岸线综合利用适宜性分类相关性对照表

序号	指标名称	海岸线综合利用适宜性分类			
		生态保护岸线区	公众亲海岸线区	民生保障岸线区	工业岸线区
1	岸线利用类型	自然岸线	自然岸线、人工岸线	人工岸线	人工岸线
2	海水质量	一类区	二类区	三类区、四类区	劣于四类区
3	海岸线开发强度	未开发区、轻度开发区	未开发区、轻度开发区	轻度开发区、中度开发区	强度开发区
4	海洋功能区划	海洋保护区、保留区	特别利用区、旅游休闲娱乐区	农渔业区	工业与城镇用海区、矿产与能源区、港口航运区
5	沿海经济发展规划	—	滨海旅游区	生态新城区	工业区
6	海洋保护区	缓冲区、核心区、重点保护区、预留区	缓冲区、核心区、重点保护区、预留区	实验区、适度利用区、生态与资源恢复区	—
7	区域用海规划	—	建设区域用海规划	建设区域用海规划、农业围垦区域用海规划	建设区域用海规划
8	海域使用集中区	旅游娱乐、特殊用海区	旅游娱乐、特殊用海区	盐业、渔业、交通运输、造地工程用海区	工业、交通运输、造地工程用海区
9	海洋生态红线	禁止开发区	限制开发区	限制开发区	限制开发区
10	全国主体功能区规划	禁止开发区	限制开发区	优化开发区	重点开发区、优化开发区
11	全国海洋主体功能区规划	禁止开发区	限制开发区	优化开发区	重点开发区、优化开发区

注："—"代表该项指标与海岸线综合利用适宜类型无确定性关联关系

第 8 章　海岸线资源脆弱性及可利用潜力分析与评价

随着社会经济的快速发展，沿海地区开发强度持续加大，海岸带及近岸海洋生态系统遭受着巨大的威胁。2008 年国家海洋局开展了沿海开发强度、近岸海域综合环境质量及海洋生态脆弱性的评价工作，其结果显示，我国海岸带及近岸海域生态系统出现了不同程度的脆弱，其中高脆弱性岸线占全国岸线总长度的 4.5%，中脆弱性岸线占 32.0%。高脆弱性和中脆弱性岸线多为砂质海岸、淤泥质海岸、红树林海岸的海岸线，主要原因为围填海、陆源污染、海岸侵蚀、外来物种（互花米草）入侵等严重影响海岸带生态系统[59]。

海岸线资源脆弱性是指海岸线资源因受外界干扰而具有的敏感能力与自我恢复能力。外界干扰是指人类过度、无序地开发海岸线资源，加之海水入侵等自然因素的影响，造成海岸线资源系统结构与功能发生变化。海岸线资源脆弱性评价是定量研究海岸线资源系统结构与功能受外界干扰所发生变化的程度。

围填海工程导致海岸线资源的自然生境丧失和改变，是近年来影响我国海岸线资源脆弱的主要原因。随着《建设项目填海规模指标管理暂行办法》《关于加强围填海规划计划管理的通知》《关于加强围填海造地管理有关问题的通知》等政策的下发，据《海域使用管理公报》统计，自 2009 年以来我国围填海批准的面积逐年减少，其中 2012 年全国共批准围填海项目 310 个、围填海面积 8868.54hm^2，较 2010 年减少批准围填海项目 261 个、围填海面积 6692.32hm^2[60]。

8.1　评 价 因 子

按照海岸线资源脆弱性原理，从岸线自然属性、资源开发利用、环境干扰三个方面，选取岸线类型、人均岸线长度、海岸线曲折度、海岸线开发强度、海洋功能区划、海岸线稳定性、平均流速、平均浪高、近岸海域海水质量、海水入侵（氯离子浓度）10 个指标组成海岸线资源脆弱性的评价指标体系。本章采用层次分析法对脆弱性评价指标权重进行确定，对所列指标两两比较重要程度进而逐层进行判断评分，构造判断矩阵，然后利用方根法求得最大特征根对应的特征向量，得到单项指标对总目标的重要性权值，检验判断矩阵一致性比例为 0.0176，结果非常满意，各指标权重如表 8-1 所示。

表 8-1　海岸线资源脆弱性指标体系及权重

一级类	一级权重	二级类	二级权重	指标数据来源
岸线自然属性	0.3874	岸线类型	0.1550	基于 2012 年遥感影像数据解析
		人均岸线长度	0.0774	《中国海洋统计年鉴 2010》沿海地区人口情况
		海岸线曲折度	0.1550	海岸线曲折度分析结果（2012 年）
资源开发利用	0.3434	海岸线开发强度	0.1373	海岸线开发强度分析结果（2012 年）
		海洋功能区划	0.0687	国务院批准的《全国海洋功能区划（2011—2020 年）》
		海岸线稳定性	0.1374	海岸线稳定性分析结果（2012 年）
环境干扰	0.2692	平均流速	0.0560	国家海洋环境预报中心近海海洋环境预报数据
		平均浪高	0.1122	国家海洋环境预报中心近海海洋环境预报数据
		近岸海域海水质量	0.0293	《2012 年中国海洋环境状况公报》
		海水入侵（氯离子浓度）	0.0717	全国海岸侵蚀调查数据（2012 年）

8.2　评 价 方 法

1. 评价单元的确定

根据大陆海岸线各类型岸段分布，连续的同一类型岸线作为一个基础评价单元，不连续的岸线以每个岸段作为基础评价单元，再以岸线长度为单位对基础评价单元进行最小单元分割。一般情况下，最小评价单元内的大陆海岸线长度在 10～20km。

2. 因子赋值

根据人为活动造成海岸线资源破坏情况、对生态系统平衡的影响，以及海洋环境本身的承载力与可持续再生能力对其进行五段分类赋值，具体情况见表 8-2 所示。

表 8-2 海岸线资源脆弱性评价指标赋值

序号	因子	赋值				
		0	1	3	5	7
1	岸线类型	基岩岸线	砂质岸线	粉砂淤泥质岸线	人工岸线、河口岸线	生物岸线
2	人均岸线长度/(km/万人)	$X=\infty$	$X\geqslant 5$	$3\leqslant X<5$	$1\leqslant X<3$	$0\leqslant X<1$
3	海岸线曲折度	$X=1$	$1<X\leqslant 1.05$	$1.05<X\leqslant 1.2$	$1.2<X\leqslant 1.4$	$X>1.4$
4	海岸线开发强度/(hm^2/km)	$X=0$	$0<X\leqslant 10$	$10<X\leqslant 30$	$30<X\leqslant 50$	$X>50$
5	海洋功能区划	旅游休闲娱乐区、保留区	海洋保护区、农渔业区、特别利用区	矿产与能源区	港口航运区	工业与城镇用海区
6	海岸线稳定性/m	$0\leqslant \|X\|<30$	$30\leqslant \|X\|<90$	$90\leqslant \|X\|<150$	$150\leqslant \|X\|<200$	$\|X\|\geqslant 200$
7	平均流速/(m/s)	$X<0.2$	$0.2\leqslant X<0.3$	$0.3\leqslant X<0.4$	$0.4\leqslant X<0.5$	$X>0.5$
8	平均浪高/m	$X<1.5$	$1.5\leqslant X<1.7$	$1.7\leqslant X<1.9$	$1.9\leqslant X<2.4$	$X\geqslant 2.4$
9	近岸海域海水质量	清洁水质	劣一类	劣二类	劣三类	劣四类
10	海水入侵（氯离子浓度）	$X<250$	$250\leqslant X<500$	$500\leqslant X<750$	$750\leqslant X<1000$	$X>1000$

注："X" 代表对应因子项的属性数值变量

3. 评价模型

根据上述评价因子体系与其聚类分析结果，利用综合指数方法建立海岸线资源脆弱性指数计算公式，如下所示：

$$\mathrm{EV}=\sum_{i=1}^{n}F_i\times W_i \tag{8-1}$$

式中，EV 为海岸线资源脆弱性指数；n 为最小评价单元数量；F_i 为第 i 项评价因子的赋值；W_i 为第 i 项评价因子的权重。

8.3 结果分析与评价

8.3.1 评价结果分级

根据以上评价因子赋值，可知计算出的岸线资源脆弱性指数范围在 0～7，为了便于计算和描述，按照等距方法将海岸线资源脆弱性分为四级——非脆弱、低脆弱、中脆弱和高脆弱，具体分级范围如表 8-3 所示。

表 8-3　海岸线资源脆弱性等级划分

脆弱性等级	脆弱指数区间	岸线资源破坏	生态系统平衡	海洋环境承载力	岸线资源可再生性
高脆弱	$5 < X \leqslant 7$	严重破坏	平衡被打破	超过环境承载范围	全部不可再生
中脆弱	$3 < X \leqslant 5$	中度破坏	接近平衡临界点	濒临环境承载范围	部分可再生
低脆弱	$1 < X \leqslant 3$	轻微破坏	基本平衡	在环境承载范围内	全部可再生
非脆弱	$0 \leqslant X \leqslant 1$	未破坏	平衡	在环境承载范围内	全部可再生

注：非脆弱是相对的，而非完全不脆弱

海岸线资源脆弱性的四个等级只是相对的级别，从生态系统、岸线资源破坏、海洋环境承载力及岸线资源可再生性角度来分析，高脆弱是指目前的海域开发已基本改变海岸线的自然属性，岸线基本功能全部丧失，资源严重破坏，已经超过了海洋环境的承载力，海洋生态系统借助外力也无法恢复到原有的生态平衡，岸线资源无法再可持续利用；中脆弱是指目前的海域开发改变了岸线的部分属性，岸线仍保持部分功能，岸线资源中度破坏，濒临海洋生态系统平衡的临界点，如果再持续利用将超过海洋环境的承载力，岸线资源将不可再生，目前采取措施，控制利用范围，借助一定的外力还可能恢复到原有的生态平衡；低脆弱是指海岸线开发利用较少，对岸线资源、生态系统影响不大，生态系统通过自我修复，可恢复原有的生态平衡；非脆弱是指目前的海域开发使用对岸线资源及生态系统未产生影响，不影响岸线资源的可持续发展。

8.3.2　海岸线资源脆弱性评价

为了体现数据的实效性，选取 2012 年大陆海岸线数据为基础，以此来确定最小评价单元。根据选定的各种评价因子数据，依据前文的因子赋值及权重设定，导入评价方法和计算公式中，求出我国大陆海岸线资源脆弱性评价指数，由海岸线资源脆弱性分级方式，得出各个级别的海岸线长度和其占岸线总长度的比例（表 8-4）。

表 8-4　我国海岸线资源源脆弱性岸线统计

行政区划	岸线长度/km				占岸线总长度的比例/%			
	非脆弱	低脆弱	中脆弱	高脆弱	非脆弱	低脆弱	中脆弱	高脆弱
辽宁	0.35	734.62	1206.52	382.48	0.02	31.61	51.92	16.46
河北	0	121.20	402.64	90.98	0	19.71	65.49	14.80
天津	0	33.03	232.61	55.14	0	10.30	72.51	17.19
山东	39.05	1226.20	1244.90	260.61	1.41	44.25	44.93	9.41
江苏	0	145.82	678.89	136.01	0	15.18	70.66	14.16
上海	0	34.84	159.51	0	0	17.93	82.07	0
浙江	0	774.33	972.71	295.44	0	37.91	47.62	14.46
福建	0	1409.82	1268.67	270.00	0	47.81	43.03	9.16
广东	3.41	1549.61	1330.02	198.31	0.11	50.29	43.16	6.44
广西	2.63	962.04	396.00	35.85	0.19	68.89	28.36	2.57
海南	92.14	1097.38	337.24	8.48	6.00	71.48	21.97	0.55

由表 8-4 可见，我国目前海岸线资源面临较大的威胁。我国有 1733.30km 的岸线处于高脆弱，8229.71km 的岸线处于中脆弱，中高脆弱岸线已占全国岸线总长度的 54.77%，非脆弱岸线不足全国岸线总长度的 1%。

根据资源脆弱性的划分标准，以及分类空间分布情况，我国大陆海岸线主要有以下几个特征。

（1）我国大陆海岸线非脆弱岸线较短，几乎濒临消失。

我国大陆海岸线从行政区划来看，仅剩辽宁、山东、广东、广西和海南存在非脆弱岸线，岸线长度仅为 137.58km，不足我国岸线总长度的 1%。海南和山东非脆弱性岸线较长，分别为 92.14km 和 39.05km，占全国非脆弱性岸线总长度的 95.36%，其余三省（区、市）占 4.64%。因各省（区、市）岸线长度不同，从非脆弱岸线占各省（区、市）岸线总长度的比例来看，除了海南占 6%外，其余省（区、市）非脆弱岸线仅占 1%左右。

（2）我国低脆弱岸线的长度仅次于中脆弱岸线，集中分布于广东、福建、山东和海南四省。

从整体来看，我国低脆弱岸线长度为 8088.89km，占全国岸线总长度的 44.47%。从岸线长度来看，广东、福建、山东和海南四省的低脆弱岸线长度均超过 1000km，总和为 5283.01km，占我国低脆弱岸线总长度的 65.31%。从占各省（区、市）岸线总长度的比例来看，广东及以南沿海省低脆弱岸线长度所占比例均达到 50%以上。

（3）我国中脆弱岸线最长，离散分布于广东、福建、山东和辽宁四省。

从整体来看，我国中脆弱岸线长度为 8229.71km，占全国岸线总长度的 45.24%。从岸线长度来看，广东、福建、山东和辽宁四省的中脆弱岸线长度均超过 1200km，总和为 5050.11km，占我国中脆弱岸线总长度的 61.36%。从占各省（区、市）岸线总长度的比例来看，上海、天津、江苏、河北和辽宁均超过 50%。

（4）高脆弱岸线主要分布于我国岸线长度较长的地区。

从整体来看，我国高脆弱岸线长度 1733.30km，占我国岸线总长度的 9.53%。从岸线长度来看，我国岸线较长的辽宁、广东、山东、福建和浙江五省高脆弱岸线长度总和为 1406.84km，占我国高脆弱岸线总长度的 81.17%。从占各省（区、市）岸线总长度的比例来看，以上海为界，我国北方岸线除了山东以外，高脆弱岸线占各省（区、市）岸线总长度的比例均大于 14%；南方岸线除了浙江以外，其余各省（区、市）高脆弱岸线占各省（区、市）岸线的比例均低于 10%。

8.3.3　海岸线资源的可利用潜力分析

1. 可利用潜力与资源脆弱性的关系

根据海岸线资源脆弱性的划分标准，非脆弱与低脆弱岸线的岸线资源未破坏或被轻微破坏，生态系统基本平衡，在海洋环境承载的范围之内，岸线内的资源全部可再生；中脆弱与高脆弱岸线的岸线资源破坏较严重，即将打破岸线的生态平衡、超过海洋环境的承载力，岸线资源出现不可再生现象。

根据资源利用可持续性，现将非脆弱与低脆弱岸线占各省岸线的比例求和（简称“非低脆弱岸线比例和”）、中脆弱与高脆弱岸线占各省岸线的比例求和（简称“中高脆弱岸线比例和”），结合我国大陆海岸线各类型占总岸线的比例现状，作折线图（图 8-1），发现：自然岸线占岸线总长度的比例与非低脆弱岸线比例和变化趋势一致，且所占比例的数值也相差不大；人工岸线占岸线总长度的比例与中高脆弱岸线比例和变化趋势一致，且所占比例的数值也相差不大。由此可得出，岸线资源的脆弱性与岸线人工化程度有密切关系，即岸线资源开发利用是岸线资源脆弱性的主要影响因素。自然岸线保有率对未来岸线的可利用潜力影响较大。

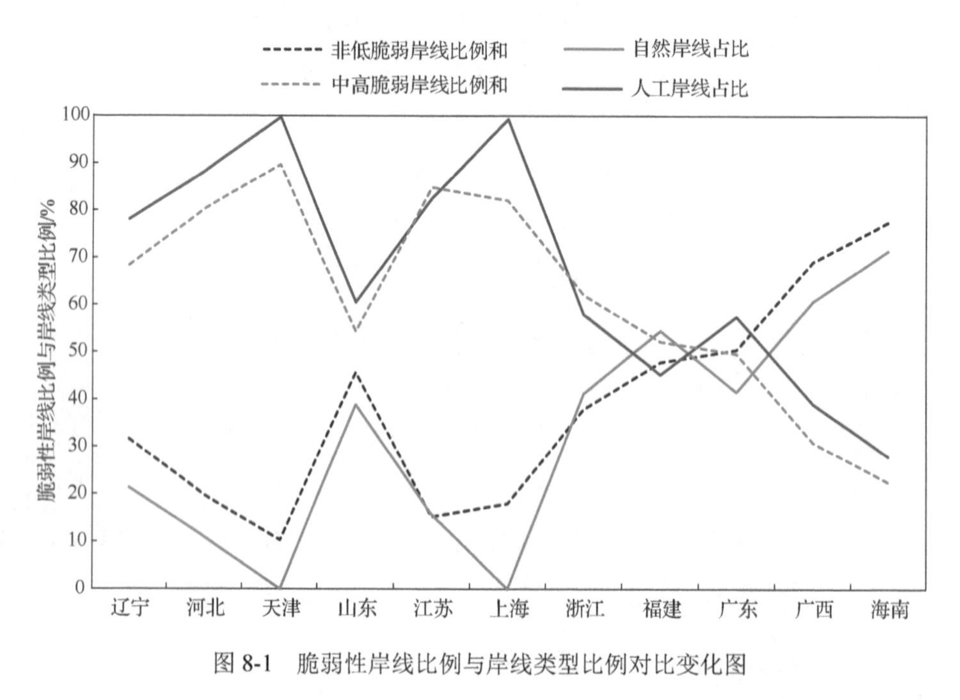

图 8-1　脆弱性岸线比例与岸线类型比例对比变化图

2. 可利用潜力分级及结果

本节采用岸线资源脆弱性的评价结果来分析岸线资源的可利用潜力。由于各省（区、市）非低脆弱岸线比例和与中高脆弱岸线比例和的数值相加为 1，故选取非低脆弱岸线比例和，作为可利用潜力的分析依据，并将其命名为可利用潜力指数。按照等距分段将可利用潜力指数分为三级：高利用潜力（60%< X≤100%）、中利用潜力（30%< X≤60%）和低利用潜力（0%< X≤30%）。本书可利用潜力指数划分只是根据岸线资源脆弱性结果衍生的分析结果，其结果受岸线资源脆弱性结构影响。根据以上分级方法得到全国各省（区、市）的海岸线资源可利用潜力，见表 8-5。

表 8-5　我国大陆海岸线资源可利用潜力

行政区划	可利用潜力		各省岸线情况		占岸线总长度的比例/%		
	指数/%	分级	长度/km	占全国岸线比例/%	自然岸线	人工岸线	河口岸线
辽宁	31.63	中利用潜力	2323.96	12.51	21.35	78.08	0.57
河北	19.71	低利用潜力	614.82	3.31	10.94	88.21	0.85
天津	10.30	低利用潜力	320.78	1.73	0.00	99.67	0.33
山东	45.66	中利用潜力	2770.76	14.91	38.85	60.52	0.63
江苏	15.18	低利用潜力	960.71	5.17	15.72	82.51	1.76
上海	17.93	低利用潜力	194.35	1.05	0.00	99.27	0.73
浙江	37.91	中利用潜力	2042.48	10.99	41.24	57.96	0.81
福建	47.82	中利用潜力	2948.48	15.87	54.47	45.21	0.32
广东	50.40	中利用潜力	3081.34	16.59	41.60	57.45	0.95
广西	69.08	高利用潜力	1396.52	7.52	60.73	39.04	0.23
海南	77.48	高利用潜力	1535.24	8.26	71.48	27.94	0.58

分析图 8-1 和表 8-5 可知，我国高利用潜力省（区、市）的岸线长度为 2931.76km，占我国总岸线长度的 15.78%；中利用潜力省（区、市）的岸线长度为 13167.02km，占我国总岸线长度的 70.87%；低利用潜力省（区、市）的岸线长度为 2090.66km，占我国总岸线长度的 11.26%。

3. 我国可利用潜力指数特征

我国海岸线可利用潜力指数越大的地区，其人工岸线占总岸线长度的比例越小，经《海域使用管理公报》数据统计分析，可利用潜力与我国海域使用现状相符。从数值上来说，可利用潜力指数存在以下特征。

（1）可利用潜力指数与岸线总长度存在密切关系。从表 8-5 中可以看出，可利用潜力指数与各省（区、市）岸线长度存在以下关系：岸线长度大于 2000km 的省（区、市）为中利用潜力；岸线长度大于 1000km 且小于 2000km 的省（区、市）为高利用潜力；岸线长度小于 1000km 的省（区、市）为低利用潜力。

（2）可利用潜力与自然岸线占总岸线长度的比例呈正相关，且数值基本相等。我国高利用潜力的省（区、市）的自然岸线占总岸线长度均超过 60%，且数值相差不大。除辽宁外的中利用潜力省（区、市），其自然岸线占总岸线长度的比例均超过 30%且小于 60%；低利用潜力的省（区、市）的自然岸线占总岸线长度的比例均低于 30%。这是因为自然岸线蕴含的可利用资源较多，故自然岸线所占比例越大，其可利用潜力越大。

（3）可利用潜力与人工岸线占总岸线长度的比例呈负相关，且数值基本相等。这是因为我国河口岸线较短，人工岸线与自然岸线的长度总和占我国大陆岸线的98%以上。人工岸线为我国海域利用岸线，无论何种海域使用方式对岸线资源的生态系统均会产生一定的负面影响，故人工岸线所占比例越高，其可利用潜力越小。

4. 我国可利用潜力空间分布特征

根据我国大陆海岸线资源脆弱性的划分标准，以及各类型岸线空间分布特征，我国大陆海岸线资源可利用潜力空间分布差异明显，高、中、低利用潜力均集中分布。

（1）高利用潜力集中于我国南部地区，其中海南、广西的高利用潜力岸线长度占全国高利用岸线长度的 88.59%。据《海域使用管理公报》数据分析，海南和广西的海域使用确权面积占全国的比例分别为 0.59%和 1.01%，分别位于前两位。

（2）中利用潜力分布于我国海岸线较长的省（区、市），分散分布于辽宁、山东、浙江、福建和广东，各省（区、市）岸线长度占全国的比例在 10%～17%，相差不大。中利用潜力省（区、市）人工岸线占岸线总长度的比例在 45%～80%，其中辽宁最高，可利用潜力指数最低。据《海域使用管理公报》数据分析，中利用潜力省（区、市）除辽宁（43.65%）外，海域使用确权面积占全国的比例分别在 5%～20%。因辽宁确权的面积的 95.17%为渔业养殖用海，对岸线资源的破坏程度不大，其可利用潜力较其他用海确权面积大。

（3）低利用潜力主要集中分布于我国中部省（区、市），包括河北、上海、江苏和天津，各省（区、市）岸线长度占全国的比例在 0%～6%。低利用潜力省（区、市）人工岸线占岸线总长度的比例在 82%～100%，其中天津最高，可利用潜力指数最低。据《海域使用管理公报》数据分析，低利用潜力省（区、市）除江苏（15.24%）外，海域使用确权面积占全国的比例分别在 0%～6%，与我国海域使用现状相符。因江苏确权的面积的 92.75%为渔业养殖用海，对岸线资源的破坏程度不大，其可利用潜力较其他用海确权面积大。

第 9 章　海岸线未来变化趋势分析

海岸线是海岸带重要的空间要素之一，标志了海洋与陆地的分界线，海岸线的变化是海岸变化的直接表现。由于自然、人文等因素的影响，海岸线的长度、类型发生变化，在空间上主要表现为海岸侵退、海岸淤进，通常给生态环境造成危害，改变近岸海域水动力环境，使得航道淤积等现象发生，给人类的生产生活及海洋经济的发展造成一定的影响，改变了海岸线的再利用潜力。

9.1　海岸线长度变化

由第 6 章可知，我国海岸线长度自 1990 年以来，总体呈增长的趋势。虽然海岸线的长度因为截弯取直会减少，人工岸线开发占用自然岸线，会使海岸线减少，但是向外突出的填海岸线、围池堤坝岸线的增长速度远大于海岸线减少的速度，故我国海岸线一直呈增长趋势。

9.1.1　海岸线长度变化趋势预测方法

由第 6 章我国海岸线长度变化分析可知，由端点速率法和平均速率法计算出的海岸线变化速率相差较大。由吕京福等的海岸线变化速率计算方法及影响要素分析可知[61]，海岸线长度的变化属于周期性、振荡性变化，未来变化趋势预测不宜用速率法计算。鉴于本章的连续性数据只有 6 期，数据较少，选择灰色数列预测法，能较好地反映海岸线的变化趋势。

灰色系统理论是我国学者邓聚龙[62]、徐建华[63]等，于 20 世纪 80 年代提出的。灰色系统是指相对于一定的认识层次，系统内部的信息部分已知、部分未知，即信息不完全的系统。灰色系统理论认为，由于各种环境因素对系统的影响，表现系统行为特征的离散数据呈现出离散化，但是这一无规的离散数列是潜在的有规序列的一种表现，系统总是有其整体功能，也就必然蕴含着某种内在规律。因而任何随机过程都可看作在一定时空区域变化的灰色过程，随机量可看作灰色量，通过生成变换可将无规序列变成有规序列。作为灰色系统理论核心和基础的灰色模型（grey model，GM）具有以下 3 个特点：①建模所需信息较少，通常只要有 4 个以上数据即可建模；②不必知道原始数据分布的先验特征，无规或不服从任何分布的任意光滑离散的原始序列，通过有限次的生成即可转化成为有规序列；③建模的精度较高，可保持原系统的特征，能较好地反映系统的实际状况[64]。GM 流程图如图 9-1 所示。

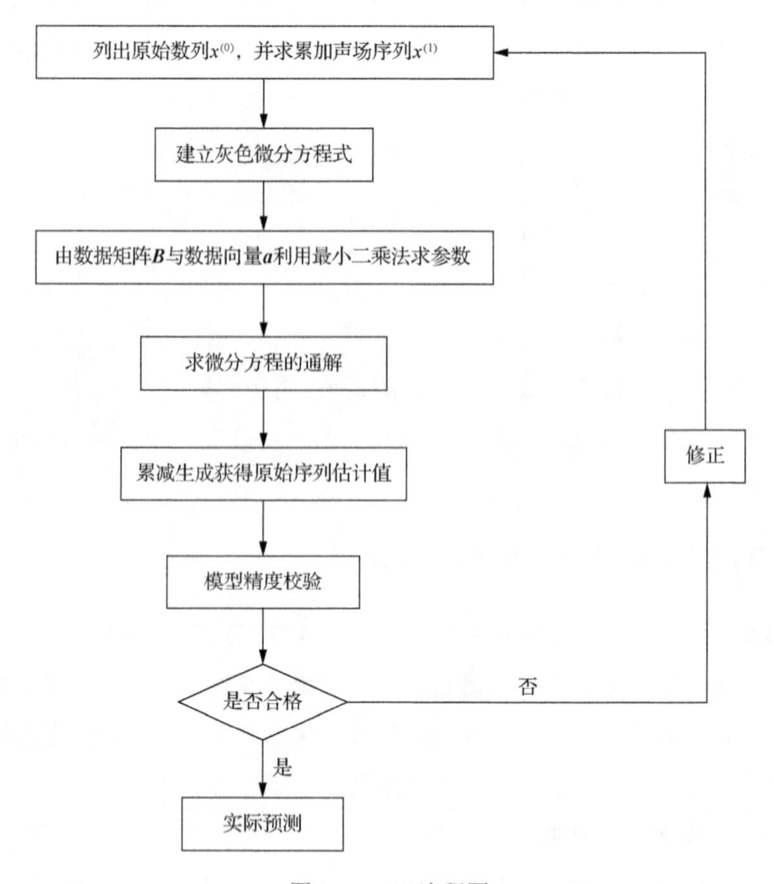

图 9-1　GM 流程图

借鉴邬万江等[65]的 Excel 灰色数列预测模型，预测大陆海岸线长度未来变化的趋势。操作流程如下。

（1）设原始数据为数列：

$$x^{(0)}=\left\{x^{(0)}(1),x^{(0)}(2),\cdots,x^{(0)}(n)\right\}$$

（2）对 $x^{(0)}$ 作累加生成新的数列：

$$x^{(1)}=\left\{x^{(1)}(1),x^{(1)}(2),\cdots,x^{(1)}(n)\right\}$$

式中，$x^{(1)}(k)=\sum_{m=1}^{k}x^{\mathrm{YOY}}(m)$，$k$=1,2,⋯,$n$。

（3）设 $z^{(1)}$ 为 $x^{(1)}$ 紧邻的两个值按某权重生成的序列：

$$z^{(1)}=\left\{z^{(1)}(1),z^{(1)}(2),\cdots,z^{(1)}(n)\right\}$$

式中，$z^{(1)}(k)=ux^{(1)}(k)+vx^{(1)}(k-1)$，$k$=2,3,⋯,$n$，同时 $u+v=1$，且 $0<u,v<1$。

（4）对数列 $x^{(1)}$ 建立相应的微积分方程：

$$\frac{\mathrm{d}x^{(1)}}{\mathrm{d}t}+ax^{(1)}=b \tag{9-1}$$

式中，a、b 为待估计参数，被称为发展系数（development coefficient）灰作用量（grey action quantity），记 $\hat{\boldsymbol{a}}$ 为待估计向量，则 $\hat{\boldsymbol{a}}=\begin{bmatrix}a\\b\end{bmatrix}$。

（5）按最小二乘法，有

$$\hat{\boldsymbol{a}}=(\boldsymbol{B}^{\mathrm{T}}\boldsymbol{B})^{-1}\boldsymbol{B}^{\mathrm{T}}\mathbf{yN} \tag{9-2}$$

式中，

$$\boldsymbol{B}=\begin{bmatrix}-z^{(1)(2)} & 1\\ -z^{(1)(3)} & 1\\ \vdots & \vdots\\ -z^{(1)(n)} & 1\end{bmatrix} \tag{9-3}$$

$$\mathbf{yN}=\left[x^{(0)}(2),x^{(0)}(3),\cdots,x^{(0)}(n)\right]^{\mathrm{T}} \tag{9-4}$$

（6）将公式（9-2）求得的 $\hat{\boldsymbol{a}}$ 代入公式（9-1）中，并解微分方程得 GM（1,1）模型：

$$\hat{x}^{(1)}(k+1)=\left(x^{(0)}(1)-\frac{b}{a}\right)\mathrm{e}^{-ak}+\frac{b}{a} \tag{9-5}$$

（7）原始数列的还原预测公式为

$$\hat{x}^{(0)}(k+1)=\hat{x}^{(1)}(k+1)-\hat{x}^{(1)}(k) \tag{9-6}$$

9.1.2 海岸线长度变化灰色预测模型

对 2007～2012 年海岸线总长度原始数据，按照以上方法与步骤计算，得到海岸线总长度灰色预测模型（a、b 的值）：

$$x^{(1)}(t+1)=\left(x^{(0)}(1)+2487109.82\right)e^{0.01t}-2487109.82 \tag{9-7}$$

式中，$x^{(0)}(1)$ 为预测起始年份的海岸线长度的原始值；$x^{(1)}(t+1)$ 为预测年份 t+1 海岸线总长度的累加值，经求出的值减去 t 年份的值，得到 t+1 年份的海岸线总长度，其计算过程及结果如表 9-1 所示，方差比 c=0.33，精度等级为合格，小误差概率 p=1>0.95，精度等级为好，故采用灰色预测方法求得大陆海岸线长度预测结果合格，未来大陆海岸线长度为增加趋势。

9.1.3 海岸线长度变化趋势预测结果

将原始数据代入以上构建的灰色预测模型［公式（9-7）］，通过计算，得到的预测结果如表 9-1 所示。基于目前内外因素，在无外力作用改变的情况下，我国海岸线总长度呈增长趋势，到 2018 年我国大陆海岸线长 19884.69km，2019 年突破 2 万 km，2020 年预测可达 20179.03km。

表 9-1 海岸线总长度预测和评价指标计算结果（单位：km）

序号	年份	原始数值	级比平滑检验	预测值	残差	相对误差	误差的平方
1	2007	18501.30					
2	2008	18515.83	1.00	18476.17	39.66	0.00	1573.17
3	2009	18599.90	1.00	18612.41	−12.51	0.00	156.42
4	2010	18644.77	1.00	18749.66	−104.89	0.01	11001.35
5	2011	18946.70	1.02	18887.91	58.79	0.00	3455.71
6	2012	19160.73	1.01	19027.19	133.54	0.01	17833.48
7	2013			19167.50			
8	2014			19308.84			
9	2015			19451.22			
10	2016			19594.65			
11	2017			19739.14			
12	2018			19884.69			
13	2019			20031.32			
14	2020			20179.03			

9.2　海岸线类型变化

由第 6 章海岸线历年变化分析可知，我国自然岸线和河口岸线的长度逐年减少，而人工岸线长度逐年增加，且人工岸线增加的长度大于自然岸线和河口岸线减少的长度。为了更好地反映我国海岸线类型逐年变化的趋势，本节采用灰色系统预测自然岸线、河口岸线、人工岸线的长度变化趋势。

9.2.1　自然岸线变化趋势

1. 自然岸线历史变化特征

我国自然岸线长度逐年减少，1990～2012 年我国自然岸线减少了 3510.14km，占总岸线比例由 63.86%下降到 41.79%，下降了 22.07 个百分点。其中粉砂淤泥质岸线减少了 1682.9km，砂质岸线减少了 756.26km，生物岸线减少了 672.69km，基岩岸线减少了 398.29km，占自然岸线减少的比例分别为 47.94%、21.55%、19.16%、11.35%。可见我国粉砂淤泥质岸线减少最多，其次是砂质岸线和生物岸线，基岩岸线减少最少。

2. 自然岸线未来趋势预测

将 2007～2012 年自然岸线长度的原始数据代入公式（9-7），得到自然岸线趋势预测模型：

$$x^{(1)}(t+1)=\left(x^{(0)}(1)-385226.62\right)\mathrm{e}^{-0.02t}+385226.62 \tag{9-8}$$

式中，$x^{(0)}(1)$ 为预测起始年份的海岸线长度的原始值；$x^{(1)}(t+1)$ 为预测年份 $t+1$ 海岸线总长度的累加值，经求出的值减去 t 年份的值，得到 $t+1$ 年份的海岸线总长度，其计算过程及结果如表 9-2 所示，其中，方差比 c=0.45，精度等级为合格，小误差概率 p=1>0.95，精度等级为好，故采用灰色预测方法求得大陆海岸线长度预测结果合格。

基于目前内外因素，在无外力作用改变的情况下，大陆自然岸线总长度为下降趋势，到 2019 年我国大陆自然岸线 6752.94km，2020 年预测可达 6595.94km。

表 9-2　自然岸线总长度预测和评价指标计算结果　　(单位：km)

序号	年份	原始数值	级比平滑检验	预测值	残差	相对误差	误差的平方
1	2007	8980.91					
2	2008	8651.80	0.96	8747.18	−95.38	0.01	9097.93
3	2009	8301.83	0.96	8543.82	−241.99	0.03	58560.77
4	2010	8136.65	0.98	8345.19	−208.54	0.03	43487.94
5	2011	8085.56	0.99	8151.18	−65.62	0.01	4305.55
6	2012	8006.34	0.99	7961.67	44.66	0.01	1994.77
7	2013			7776.58			
8	2014			7595.78			
9	2015			7419.19			
10	2016			7246.71			
11	2017			7078.23			
12	2018			6913.67			
13	2019			6752.94			
14	2020			6595.94			

9.2.2　人工岸线变化趋势

1. 人工岸线历史变化特征

我国人工岸线总长度逐年增加，1990～2012 年我国人工岸线增加了 4664.83km，占总岸线比例由 35.28%上升到 57.55%，下降了 22.27 个百分点。其中围池堤坝岸线增加了 2168.32km，填海造地岸线增加了 1549.85km，交通运输工程岸线增加了 801.6km，岸线防护工程岸线增加了 145.06km，占人工岸线增加的比例分别为 46.48%、33.22%、17.18%、3.11%。可见，我国围池堤坝岸线和填海造地岸线增加较多，其次是交通运输工程岸线，岸线防护工程岸线增加最少。

2. 人工岸线未来变化趋势

将 2007～2012 年人工岸线长度的原始数据代入公式（9-7），得到人工岸线趋势预测模型：

$$x^{(1)}(t+1)=\left(x^{(0)}(1)+284071.3\right)e^{0.03t}-284071.3 \tag{9-9}$$

式中，$x^{(0)}(1)$ 为预测起始年份的海岸线长度的原始值；$x^{(1)}(t+1)$ 为预测年份 $t+1$ 海岸线总长度的累加值，经求出的值减去 t 年份的值，得到 $t+1$ 年份的海岸线总长度，其计算过程及结果如表 9-3 所示，其中，方差比 c=0.11，精度等级为好，小误差概率 p=1>0.95，精度等级为好，故采用灰色预测方法求得大陆海岸线长度预测结果较好。

表 9-3　人工岸线总长度预测和评价指标计算结果　（单位：km）

序号	年份	原始数值	级比平滑检验	预测值	残差	相对误差	误差的平方
1	2007	9383.09					
2	2008	9730.86	1.04	9624.44	106.43	0.01	11327.00
3	2009	10167.23	1.04	9940.09	227.14	0.02	51594.05
4	2010	10378.36	1.02	10266.09	112.27	0.01	12603.45
5	2011	10733.16	1.03	10602.79	130.37	0.01	16995.94
6	2012	11027.16	1.03	10950.53	76.63	0.01	5872.30
7	2013			11309.68			
8	2014			11680.60			
9	2015			12063.69			
10	2016			12459.34			
11	2017			12867.97			
12	2018			13290.01			
13	2019			13725.88			
14	2020			14176.05			

基于目前内外因素，在无外力作用改变的情况下，未来大陆人工岸线总长度为增加趋势，到 2019 年我国大陆人工岸线 13725.88km，2020 年预测可达 14176.05km。

9.2.3　河口岸线变化趋势

1. 河口岸线历史变化特征

自 1990 年以来，我国的河口岸线一直处于减小趋势，但整体上减小速度不快，至 2012 年我国河口岸线总长度减少了 28.83km。

2. 河口岸线未来变化趋势

将2007～2012年河口岸线长度的原始数据代入公式（9-7），得到河口岸线趋势预测模型：

$$x^{(1)}(t+1)=\left(x^{(0)}(1)-9319.88\right)\mathrm{e}^{-0.01t}+9319.88 \tag{9-10}$$

式中，$x^{(0)}(1)$为预测起始年份的海岸线长度的原始值；$x^{(1)}(t+1)$为预测年份$t+1$海岸线总长度的累加值，经求出的值减去t年份的值，得到$t+1$年份的海岸线总长度，其计算过程及结果如表9-4所示，其中，方差比c=0.22，精度等级为好，小误差概率p=1>0.95，精度等级为好，故采用灰色预测方法求得大陆海岸线长度预测结果较好。

表9-4　河口岸线总长度预测和评价指标计算结果　（单位：km）

序号	年份	原始数值	级比平滑检验	预测值	残差	相对误差	误差的平方
1	2007	137.30					
2	2008	133.17	0.97	134.87	−1.70	0.01	2.89
3	2009	130.84	0.98	132.88	−2.05	0.02	4.18
4	2010	129.75	0.99	130.93	−1.18	0.01	1.39
5	2011	127.98	0.99	129.01	−1.03	0.01	1.07
6	2012	127.23	0.99	127.11	0.12	0.00	0.01
7	2013			125.25			
8	2014			123.41			
9	2015			121.60			
10	2016			119.81			
11	2017			118.05			
12	2018			116.32			
13	2019			114.61			
14	2020			112.92			

基于目前内外因素，在无外力作用改变的情况下，大陆河口岸线长度为增加趋势，到2019年我国大陆河口岸线114.61km，2020年预测可达112.92km。

9.3　海岸线位置变化

1. 海岸线位置变化影响因素

海岸线位置的变化最大程度上取决于海平面上升、海岸侵蚀、泥沙淤积、海洋灾害、人类围填海等因素的影响。

根据《2012 年中国海平面公报》可知，2012 年以后 30 年我国海平面将呈持续上升趋势，其中渤海沿海海平面将上升 65～135mm，黄海沿海海平面将上升 65～135mm，东海沿海海平面将上升 75～145mm，南海沿海海平面将上升 60～130mm。海平面上升，自然导致海岸线向陆后退。海平面上升，在一定程度上会加剧海岸侵蚀、导致风暴潮等自然灾害的增加，加速海岸线向陆后退。

人工围海养殖、填海造地、交通工程等海域使用，使得我国海岸线向海推进，另外泥沙淤积也使海岸线向海推进。

2. 海岸线位置未来变化趋势

海岸线的位置变化，是海岸线变化趋势的重要方面。结合第 6 章稳定性的数据分析可知，1990～2012 年我国海岸线的位置经历了巨大的变迁。由表 9-5 可见，我国大陆海岸线位置变化规律如下：向海推进的平均速度逐年增加，向陆后退的平均速度在 2000～2007 年出现增加，其余均为减少趋势。由于我国海洋经济新纪元的到来，人类对海洋资源的开发热情高涨，故未来我国海岸线的整体将向海推进，局部地区向陆后退，向海推进的速度仍处于不断增加的趋势，海平面上升、海岸侵蚀、海洋灾害等自然因素导致的海岸线向陆后退的速度将逐渐减小。

表 9-5　我国大陆海岸线位置变化情况　（单位：m/a）

行政区划	向海推进的平均速度			向陆后退的平均速度		
	1990～2000 年	2000～2007 年	2007～2012 年	1990～2000 年	2000～2007 年	2007～2012 年
辽宁	28.48	44.93	70.60	−23.56	−14.07	−19.17
河北	36.48	50.16	130.89	−30.96	−15.81	−14.75
天津	40.08	91.70	179.45	−25.28	−15.32	−11.63

续表

行政区划	向海推进的平均速度			向陆后退的平均速度		
	1990～2000 年	2000～2007 年	2007～2012 年	1990～2000 年	2000～2007 年	2007～2012 年
山东	28.81	41.49	55.65	-22.53	-19.98	-9.72
上海	38.13	67.48	64.10	-10.56	-7.93	-16.44
江苏	49.30	82.16	104.45	-15.10	-42.19	-7.18
浙江	26.63	52.08	71.21	-6.63	-15.93	-5.05
福建	7.45	13.92	37.71	-7.51	-8.68	-7.23
广东	15.99	16.87	93.97	-8.09	-12.70	-15.31
广西	6.67	8.87	60.35	-5.17	-14.90	-5.23
海南	10.85	8.64	25.60	-2.33	-11.14	-7.57

注：时间区间范围数值为大于前一年度且小于等于后一年度，例如 1990～2000 年是指大于 1990 年且小于等于 2000 年

三、实 践 篇

以环渤海地区为实例，从海域开发利用现状角度出发，综合分析与评价海岸线类型、海岸线开发强度、海岸线利用现状并进行海岸线综合利用适宜性评价，再基于适宜性评价结果，提出海岸线综合利用发展的对策与管理建议。

第 10 章　环渤海海岸线变迁分析与评价实证研究

10.1　区位自然条件

1. 地理区位条件

渤海位于我国大陆东部北端，是深入中国大陆的近封闭型的一个浅海，其北、西、南三面分别与辽宁、河北、天津和山东三省一市毗连，东面经渤海海峡与黄海相通。渤海海峡北起辽东半岛南端的老铁山角，南至山东半岛北端的蓬莱角，宽度约 106km。

渤海的形状大致呈三角形（图 10-1），凸出的三个角分别对应于辽东湾、渤海湾和莱州湾。北面的辽东湾位于长兴岛与秦皇岛连线以北，西边的渤海湾和南边的莱州湾，则由黄河三角洲分隔开来。

图 10-1　渤海海域地理区位示意图

2. 社会经济概况

环渤海地区是中国北部沿海的黄金海岸，在中国对外发展的沿海发展战略中占重要地位，是国民经济增长的重要支撑。环渤海地区包括京津冀、辽中南和山东半岛三个城市群，改革开放以来，环渤海区域经济总量和人口数量快速增长，基础设施与城镇化建设高速发展。2015 年环渤海地区经济密度为全国的 4.7 倍，人口密度为全国平均值的 3.4 倍，高速公路密度为全国的 3.1 倍，城镇化率比全国平均水平高出 13%[66]。环渤海地区成为继长江三角洲、珠江三角洲之后，我国经济增长的第三极[67]，承担着我国由“大国”蜕变成“强国”以及引领“三北”地区全面参与东北亚地区国际经济合作的历史使命[68]。

3. 自然条件

渤海地处北温带，多年平均气温 10.7℃，降水量 500～600mm。渤海水温受北方大陆性气候影响，2 月在 0℃左右，8 月达 21℃。严冬来临，沿岸大都冰冻，3 月初融冰时还常有大量流冰发生，平均水温 11℃。大陆河川大量的淡水注入，使渤海海水中的盐度仅为 30PSU（practical salinity unit，实用盐标）。

渤海大部分海域为不规则半日潮，秦皇岛近海和老黄河口附近的无潮点周围有小范围规则全日潮且被不规则全日潮包围[69]，渤海海峡因处于全日分潮波“节点”的周围而为规则半日潮。

由于封闭性强，渤海海水交换周期较长，水体更新 90%需要 20 年以上的时间，致使渤海自净能力差、环境承载能力较弱。渤海沿岸江河纵横，分布有大小 40 多条入海河流，包括最北部辽东湾的辽河，西北部的滦河，西部渤海湾的海河，西南部黄河，南部的小清河、胶莱河等[70]。河流入海挟带的泥沙为潮滩的发育提供了丰富的来源，同时大量陆源污水和污染物质入海。近岸海域富营养化严重，赤潮灾害频繁发生，据《中国海洋环境质量公报》统计数据显示，2006～2015 年渤海海域年均发生赤潮 8.2 次，年均累计赤潮面积达 2408.7km^2（表 10-1）。

表 10-1　2006～2015 年渤海海域赤潮发生情况

年份	赤潮发生次数	赤潮累计面积/km^2
2006 年	11	2980
2007 年	7	672
2008 年	1	30
2009 年	4	5279
2010 年	7	3560
2011 年	13	217
2012 年	8	3869
2013 年	13	1880
2014 年	11	4078
2015 年	7	1522

4. 自然资源特征

渤海海域面积约 7.7 万 km^2，大陆海岸线长 2796km，平均水深 18m，最大水深 85m，水深在 20m 以下的海域面积占 50%以上[71]；拥有海岛 410 个，其中有居民海岛 30 个、无居民海岛 380 个[66]。

渤海为我国最大的内海，海底平坦，沿岸河口浅水区营养盐含量高，饵料生物繁多，素有“天然鱼池”之称，盛产多种鱼、虾、贝类水产品。辽河口三角洲湿地和海河口三角洲湿地是中国芦苇的主产区，每年为中国造纸业提供大量的优质原料。

渤海石油和天然气资源十分丰富，渤海的胜利油田、大港油田、辽河油田和海上油田使整个渤海地区成为我国第二个“大庆”[72]。同时，渤海是我国最大的盐业生产基地，我国四大海盐产区中渤海就占有三个，包括长芦、辽东湾和莱州湾。

10.2　海域开发利用现状

10.2.1　海域使用现状

根据《海域使用管理公报》数据统计，截至 2016 年末，渤海海域范围内共计

确权用海面积为 2.09×10^6hm^2，其中渔业用海面积最大，占总用海面积的 92.42%，交通运输用海排第二位，比例为 3.35%（图 10-2）。

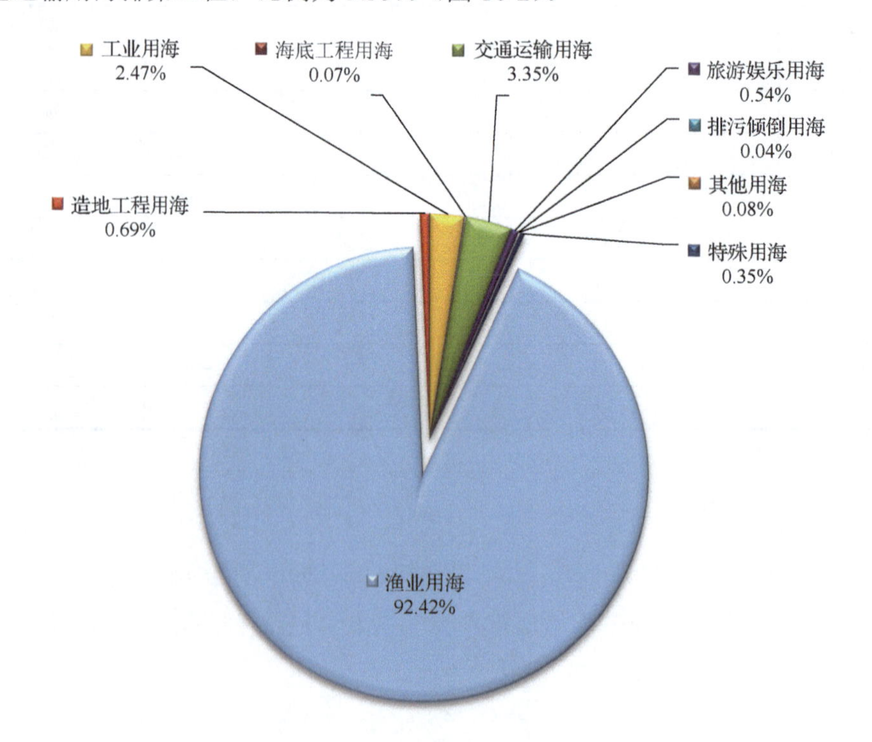

图 10-2　渤海海域使用现状统计

确权的海域使用类型中造地工程用海面积为 14501.4062hm^2，占总用海面积的 0.69%。由造地工程用海占各省确权用海总面积的比例来看，天津造地工程用海面积比例最大，达到 15.34%；河北位列第二，比例为 3.27%；辽宁和山东比例均不足 1%（表 10-2）。

表 10-2　各省（市）造地工程用海面积及所占比例情况

行政区划	用海面积/hm^2	占本省（市）用海面积比例/%
辽宁	3123.6657	0.27
河北	3052.3809	3.27
天津	5236.4250	15.34
山东	3088.9346	0.39

截至 2016 年末，全国批复的区域用海规划共计 108 个，有 28 个位于环渤海

区域范围内（表 10-3），规划用海面积占全国总计规划用海面积的 47.16%，规划填海面积占全国总计规划填海面积的 57.77%。

表 10-3　环渤海区域用海规划批复情况

行政区划	区域用海规划数量/个	规划用海面积/hm^2	规划填海面积/hm^2
辽宁	13	20380.606	19852.8414
河北	4	45159	29336
天津	3	8997	8997
山东	8	22259.74	12592.53
合计	28	96796.35	70778.37

10.2.2　海岸线现状

以 Landsat TM 影像（分辨率为 15m）为基础，利用遥感判读解译手段，提取 2015 年环渤海范围海岸线类型与长度信息。经统计，岸线总长度为 6235.97km，其中人工岸线长度占 73.23%，而自然岸线和河口岸线长度分别占 26.16%和 0.61%。自然岸线主要集中分布在山东和辽宁范围内，其长度分别占本省岸线总长度的 37.77%和 20.17%（表 10-4）。

表 10-4　各岸线类型占省（市）总岸线长度比例　（单位：%）

行政区划	占本省（市）总岸线长度比例		
	河口岸线	人工岸线	自然岸线
河北	0.82	88.54	10.64
辽宁	0.55	79.28	20.17
山东	0.60	61.63	37.77
天津	0.64	99.36	0

1. 辽宁省

辽宁省海岸带地处环渤海区域的北部，海岸线主要分布在丹东市、大连市、营口市、盘锦市、锦州市和葫芦岛市，岸线漫长曲折，沿海岛屿众多。近海水面平均水浅，透明度好，潮差属于中潮海岸，浅海海水水温变化范围在-1～27℃，盐度变化不大，水域营养盐丰富，浅海海底坡度平缓，底质优良。这些得天独厚的水文、气温、水温、盐度、营养等自然条件，是海洋经济发展非常重要的基础条件。

至2015年末，辽宁省大陆海岸线长度为2440.72km，其中大连市的大陆海岸线最长，占全省大陆海岸线总长度的59.70%。详细情况如表10-5所示。

表10-5　辽宁省沿海各市大陆海岸线长度

行政区划	岸线长度/km	占全省岸线总长比例/%
丹东	156.41	6.41
大连	1457.10	59.70
营口	177.65	7.28
盘锦	208.01	8.52
锦州	167.53	6.86
葫芦岛	274.02	11.23

2. 河北省

河北省濒临渤海湾，海岸线北起山海关与辽宁省接壤，南至大口河与山东省为邻，中间被天津市隔开。河北省大陆海岸线主要分布在秦皇岛市、唐山市和沧州市，岸线绵长，具有发展各类海洋产业的天然条件。

至2015年末，河北省大陆海岸线长638.10km，其中唐山市的大陆海岸线最长，占全省大陆海岸线总长度的56.65%。详细情况如表10-6所示。

表10-6　河北省沿海各市大陆海岸线长度

行政区划	岸线长度/km	占全省岸线总长比例/%
秦皇岛	146.96	23.03
唐山	361.47	56.65
沧州	129.67	20.32

3. 天津市

天津市地处我国华北平原的东北部，东临渤海，南北与河北省接壤。2006年，国务院常务会议将天津市完整定位为“环渤海地区经济中心、国际港口城市、北方经济中心、生态城市”，并将“推进滨海新区开发开放”纳入“十一五”规划和国家战略。

至2015年末，天津市大陆海岸线全长约320.94km，岸线类型基本为人工岸线，占天津市大陆海岸线总长度的99%以上，而河口岸线仅占0.64%。

4. 山东省

山东省濒临渤海和黄海，北面与河北接壤，南面与江苏为邻。山东省大陆海岸线主要分布在滨州市、东营市、潍坊市、烟台市、威海市、青岛市和日照市。2010 年，山东省成为全国海洋经济发展试点省份之一，从而推进了山东半岛蓝色经济圈的建设。向海洋要资源，大力发展海洋经济，成为山东省经济增长的新动力。但是，随着围海造地、污染排放等一系列人为活动的进行，山东省海岸线的生态环境受到了一定程度的破坏。

至 2015 年末，山东省大陆海岸线长 2836.21km，其中威海市的大陆海岸线最长，占全省大陆海岸线总长度的 24.69%。详细情况如表 10-7 所示。

表 10-7　山东省沿海各市大陆海岸线长度

行政区划	岸线长度/km	占全省岸线总长比例/%
滨州	82.17	2.90
东营	444.44	15.67
潍坊	166.45	5.87
烟台	655.72	23.12
威海	700.26	24.69
青岛	643.75	22.70
日照	143.42	5.06

10.3　海岸线综合利用格局分析与评价

10.3.1　海岸线类型变化

遥感解译结果表明，1990～2015 年，环渤海区域海岸线总长度变化呈现整体上升趋势，近年来增长速度有所减缓（图 10-3），主要经历了以下几个阶段。

第一阶段：1990～2000 年。海岸线长度处于起步增长阶段，10 年间增长了约 202.61km，年均增长 20.26km。自然岸线所占比例逐渐减少，岸线增长主要是由于淤涨型岸线的自然淤涨现象和农业用海的不断增加。这一阶段海域开发利用率较低，多以围垦养殖为主。

第二阶段：2000～2002 年。海域法出台前，海岸线长度增长缓慢，两年间仅增长 6.92km。其原因是 2000 年以来我国工业用海不断增加，但是由于人工填海、截弯取直等因素的影响，局部区域开始向海洋扩张，岸线变得较为平直，人为作用逐渐凸显出来，海岸线开始从原来的自然状态向人工岸线转变。

第三阶段：2002～2012 年。海岸线长度处于高速增长阶段，10 年间增长了 910.6km，年均增长 91.06km。其原因是 2002 年《中华人民共和国海域使用管理法》的实施，规范了我国海域使用领域，这个阶段人工干预的作用愈发明显，我国海域使用总体呈上升趋势，围填海活动剧增，增长的岸线主要为人工岸线。

第四阶段：2012～2015 年。海岸线长度增长速度减缓，呈现多元化发展模式，岸线长度 3 年间年均增长 18.74km。主要原因是全国海洋功能区划修编工作的展开，对海洋生态保护和资源集约利用提出了更高的要求，促进了海岸线资源的节约集约利用和优化配置。

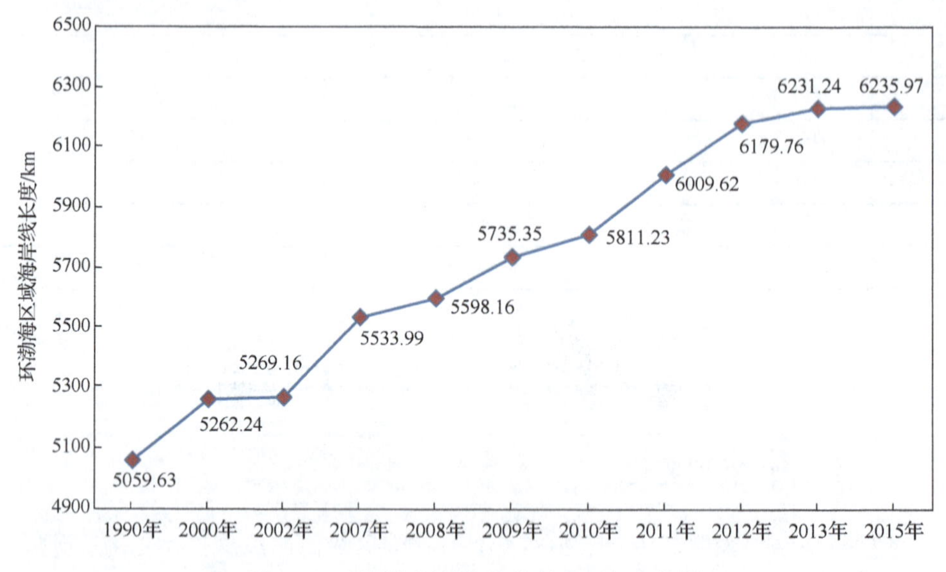

图 10-3　环渤海区域海岸线长度历年变化图

遥感数据分析表明，环渤海区域海岸线逐渐趋于平直，但整体岸线长度却不断增长。

1990～2015 年，从环渤海区域海岸线一级类型各岸线所占比例变化来看（图 10-4），自然岸线所占比例不断减少，与之相反，人工岸线所占比例逐年增加，而河口略有减少，基本持平。1990 年海岸线以自然岸线为主，而随着围池堤坝、填海造地等人类开发活动不断侵占原有自然岸线，原本凹凸不平的自然岸线变得平直圆滑，自然岸线不断减少，人工岸线不断增加。2015 年环渤海超过 70%的大陆海岸线已人工化。

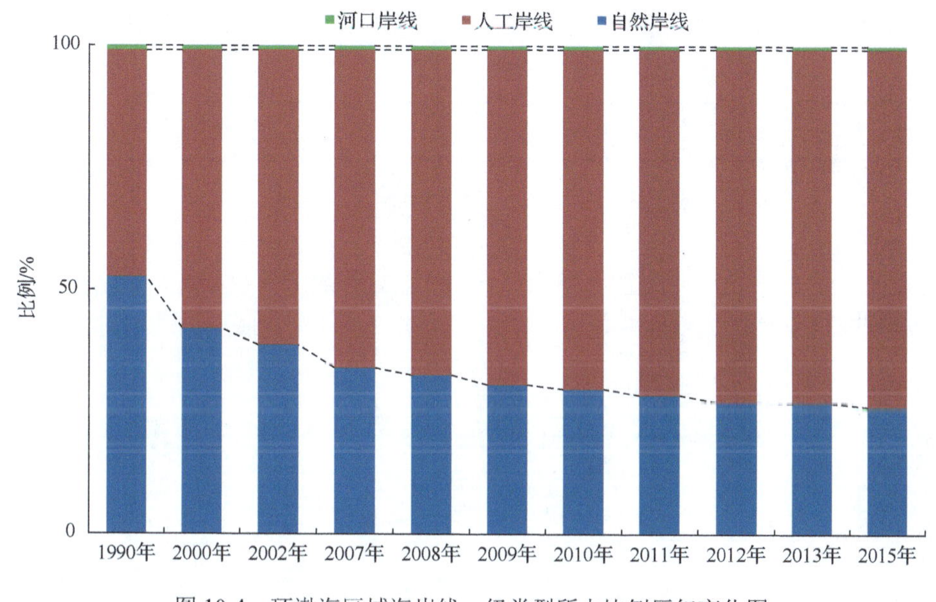

图 10-4　环渤海区域海岸线一级类型所占比例历年变化图

为进一步掌握环渤海多时期大陆海岸线类型与长度的时空演变特征，将自然岸线、人工岸线和河口岸线进行分类统计分析，结果如图 10-5～图 10-7 所示。

1. 自然岸线

环渤海区域自然岸线历年变化统计分析结果表明，自然岸线整体呈现减少的趋势（图 10-5），变化过程可表述为如下几个阶段。

第一阶段：1990～2007 年。环渤海区域自然岸线长度高速减少，17 年间减少了约 779.14km，年均减少 45.83km。在这 17 年间，虽然部分地区存在自然岸线因淤积而增长的现象，但大部分地区因农渔业围垦等人为因素的影响，自然岸线大量减少。

第二阶段：2007～2012 年。此阶段自然岸线长度减少速度有所减缓，5 年间共减少了 205.93km，年均减少 41.19km。在这一阶段，大量的围填海活动改变了原有的自然岸线属性，使自然岸线长度逐渐减少。

第三阶段：2012～2015 年。此阶段自然岸线长度变化呈现平缓趋势，变化数值波动较小。3 年间共减少了 46.73km，年均减少 15.58km。此阶段国家相继出台了各类海域使用管理办法和相关用海规划，提出海域资源在保护中开发的指导思想，促使用海更加科学化和规范化，在一定程度上使自然岸线得到保护。

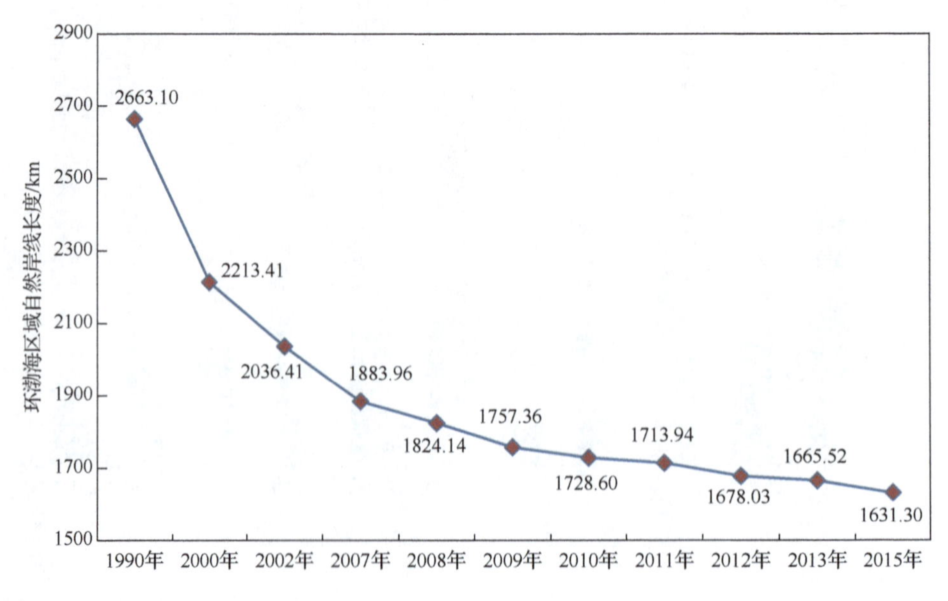

图 10-5　环渤海区域自然岸线长度历年变化图

2. 人工岸线

环渤海区域人工岸线历年变化统计分析结果表明，人工岸线整体呈现增加的趋势（图 10-6）。变化特征主要表现为三个阶段。

第一阶段：1990～2007 年。人工岸线增长相对较为缓慢，年均增长量为 73.92km。

第二阶段：2007～2012 年。人工岸线的年均增长量达到 171.19km，增长速度约为前期的 2.3 倍。

第三阶段：2012～2015 年。人工岸线长度变化幅度较小，趋于平衡，这三年的人工岸线长度数值基本持平。

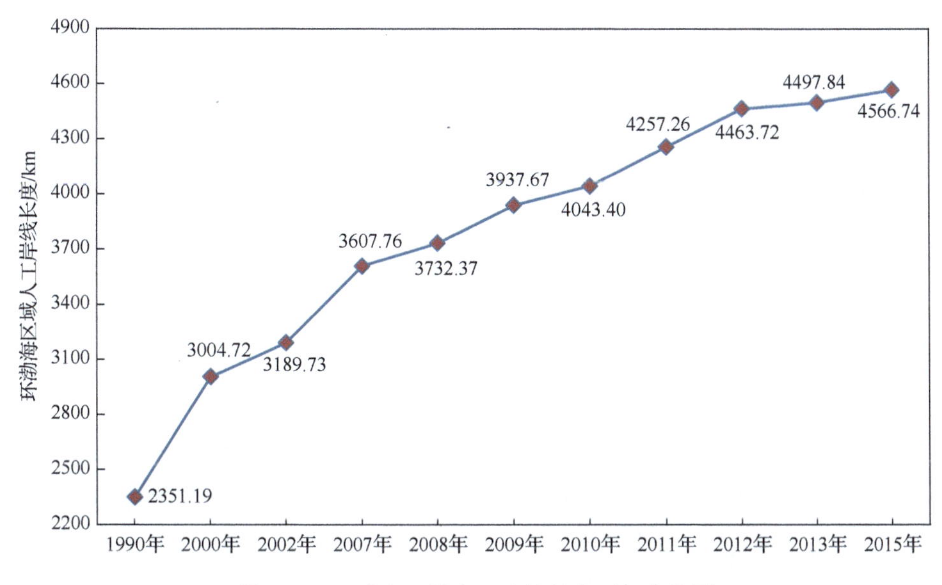

图 10-6　环渤海区域人工岸线长度历年变化图

3. 河口岸线

环渤海区域河口岸线历年变化统计分析结果表明，河口岸线呈现逐年减少的趋势（图 10-7）。

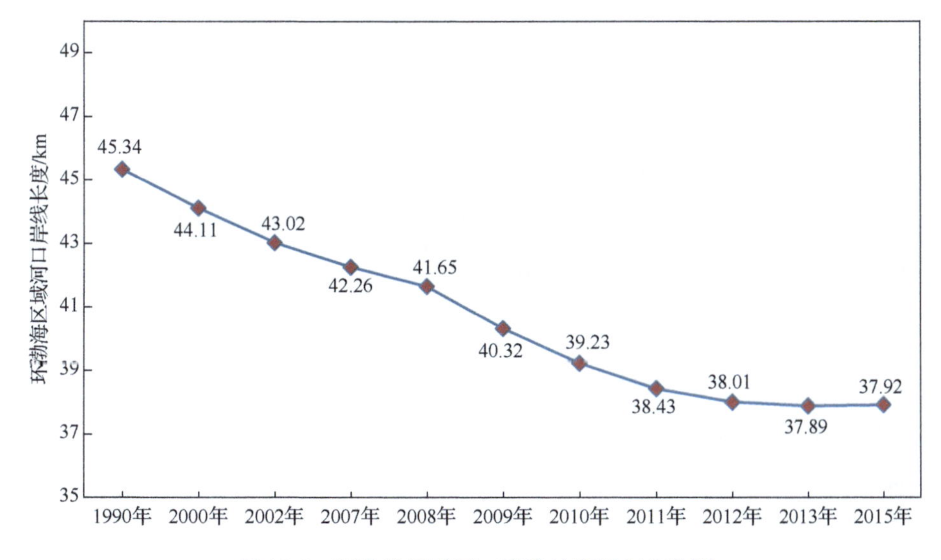

图 10-7　环渤海区域河口岸线长度历年变化图

10.3.2　海岸线开发强度

1. 海岸线开发强度总体变化情况

根据海岸线开发强度的评价方法和计算公式（6-4），获得 1990～2000 年、2000～2010 年、2010～2015 年和 1990～2015 年 4 个时期的环渤海区域海岸线开发强度和开发强度变化速率（表 10-8）。

表 10-8　环渤海区域海岸线开发强度和开发强度变化速率统计

行政区划	1990～2000 年		2000～2010 年		2010～2015 年		1990～2015 年	
	强度 /(hm^2/km)	速率 /[hm^2/(km·a)]	强度 /(hm^2/km)	速率 /[hm^2/(km·a)]	强度 /(hm^2/km)	速率 /[hm^2/(km·a)]	强度 /(hm^2/km)	速率 /[hm^2/(km·a)]
辽宁	17.76	1.78	29.24	2.92	28.54	5.71	38.56	1.54
河北	20.76	2.08	25.47	2.55	29.15	5.83	59.20	2.37
天津	26.17	2.62	94.41	9.44	58.96	11.79	79.33	3.17
山东	14.09	1.41	19.28	1.93	17.14	3.43	22.16	0.89

注：时间区间范围数值为大于前一年度且小于等于后一年度，例如 1990～2000 年是指大于 1990 年且小于等于 2000 年

依据表 10-8 统计分析可看出，环渤海区域海岸线空间资源的开发利用强度和速度总体加大，占用岸线长度也随之增长，从 1990 年至 2015 年，环渤海海域开发利用占用岸线总长度达到 4566.74km，占环渤海区域海岸线总长度的 73.23%。由环渤海区域海岸线开发强度变化速率情况（图 10-8）来看，天津市开发强度变化速率最大，达到了年均 3.17hm^2/(km·a)，河北省排第二位，岸线开发强度变化速率 2.37hm^2/(km·a)，而辽宁省和山东省开发强度变化速率相对较小，分别为 1.54hm^2/(km·a)和 0.89hm^2/(km·a)。

由 1990～2000 年、2000～2010 年和 2010～2015 年三个时期环渤海区域海岸线开发强度速率变化特征来分析，这三个时期可概括为海岸开发的起步期、加速期和高潮期。

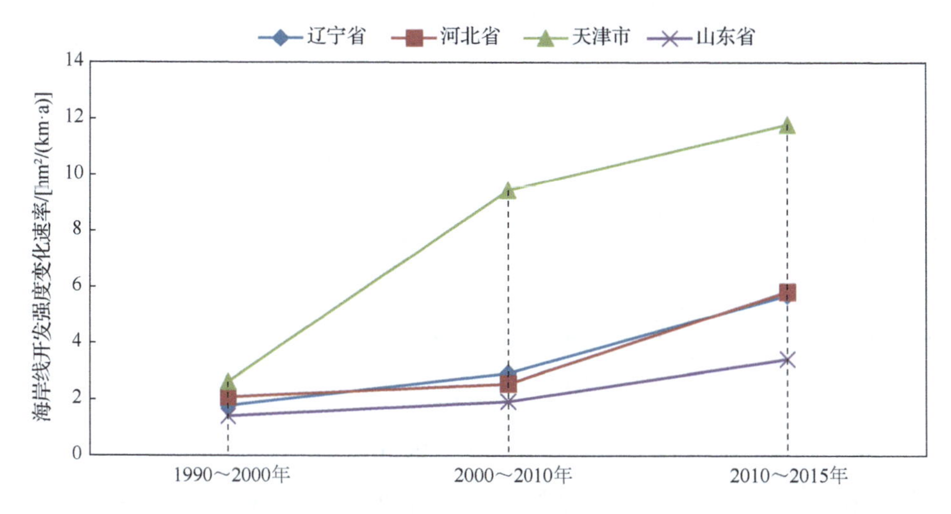

图 10-8　1990～2015 年环渤海各省（市）大陆海岸线开发强度变化速率

起步期（1990～2000 年）：2000 年以前，我国海域开发活动以海洋渔业、海洋盐业和海洋运输业等传统海域开发利用为主，改变海岸线和海域空间属性的行为较缓慢，这个时期为海岸开发的起步期。

加速期（2000～2010 年）：全球海洋开发热潮和人类对高质量生活空间的追求，促使海洋产业高速发展，配套的围填海行为逐步扩大，同时沿海城市的海陆界线加速了向海一侧的扩张，这些都加速了海岸开发的强度。

高潮期（2010～2015 年）：这是海域使用管理的新时期，是海洋综合管理真正走向法制化管理重要的时期，同时也是破除传统用海观念，建立海域资源开发利用的社会主义市场机制的时期[73]，这个时期海洋开发迎来了一个新高潮。土地资源的紧缺，加快了滨海城市和临港工业区的建设，进而推动大规模的围填海项目开展，标志着海岸开发进入了高潮期。

2. 海岸线开发强度变化区划分

依据海岸线开发强度变化区划分标准，以及 1990～2015 年环渤海区域海岸线开发强度变化数值范围，以 1990 年大陆海岸线为基准，计算 1990～2015 年环渤海区域海岸线开发强度变化区各类型的岸线长度（表 10-9）。

表 10-9　1990～2015 年环渤海区域海岸线开发强度变化区各类型岸线长度（单位：km）

行政区划	轻度开发区	中度开发区	重度开发区
辽宁	123.20	358.36	550.20
河北	18.29	69.47	186.66
天津	10.74	11.07	91.51
山东	170.04	331.62	668.30
合计	322.27	770.52	1496.67

从岸线开发强度变化区分类结果来看，25 年间环渤海区域海岸线开发强度变化区以重度开发区类型为主，其总长度为 1496.67km，占环渤海区域海岸线总长度的 29.58%；而未开发区岸线长度为岸线总长度的 48.82%。天津市重度开发区岸线长度所占比例最大，达到 63.17%；河北省排第二位，所占比例为 45.53%；而辽宁省和山东省所占比例均低于 30%。

根据海岸线开发强度变化区划分标准，定制海岸线开发强度变化区分类色谱图例（图 10-9）。由我国大陆海岸线开发强度分类空间布局可以看出，重度开发区主要集中分布在渤海范围内，特别是辽东湾、渤海湾和莱州湾内。

图 10-9　海岸线开发强度变化区分类色谱图例

10.3.3　海岸线利用现状

由海岸线用途角度出发，对环渤海区域海岸线利用进行分类，分类结果表明，环渤海区域 7 个海岸线利用分类中养殖岸线利用占比最大，约占环渤海海岸线总长度的 36.55%；港口岸线、亲海岸线和工业岸线次之，分别占比 16.82%、15.18% 和 12.82%（图 10-10）。

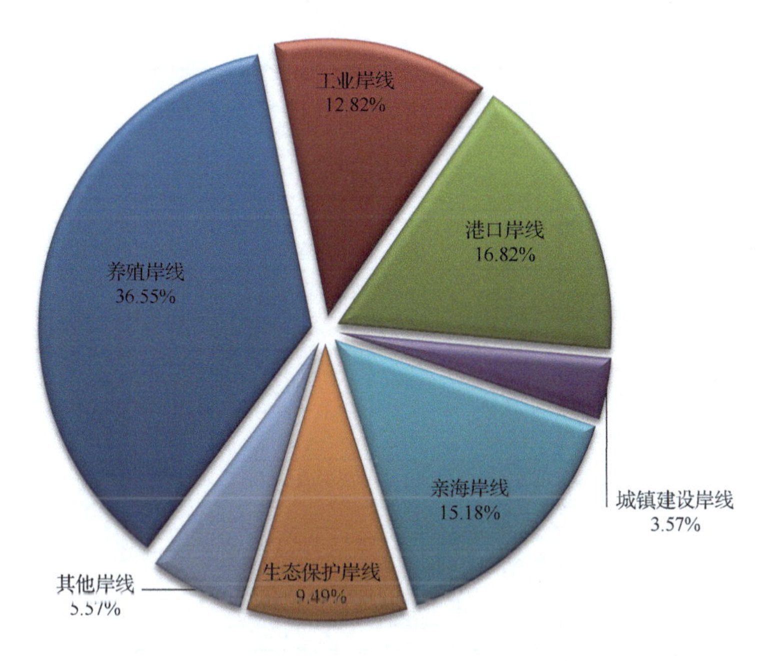

图 10-10　环渤海区域海岸线利用类型比例

依据环渤海区域海岸线利用现状统计结果（表 10-10），可以看出：

（1）养殖岸线。在环渤海 17 个沿海市均有分布，其中大连市、锦州市、威海市的养殖岸线长度均占各自大陆海岸线总长度的 50%以上。

（2）工业岸线。长度约为环渤海区域海岸线总长度的 1/8，主要分布在唐山市、大连市和天津市。

（3）港口岸线。分布在以大连港为中心的辽东湾港口群，以天津港为中心的渤海湾港口群和以青岛、烟台为核心的港口群。

表 10-10　环渤海区域海岸线利用现状统计　（单位：%）

行政区划		养殖岸线	工业岸线	港口岸线	城镇建设岸线	亲海岸线	生态保护岸线	其他岸线
辽宁省	丹东市	18.20	—	21.85	10.11	—	49.84	—
	大连市	53.57	10.27	9.83	4.00	11.66	4.03	6.64
	营口市	26.40	25.99	32.55	—	9.31	2.25	3.50
	盘锦市	38.53	35.16	—	—	—	15.51	10.80
	锦州市	55.38	3.03	31.75	—	7.53	1.93	0.38
	葫芦岛市	30.51	15.93	11.37	—	16.71	2.83	22.65

续表

行政区划		养殖岸线	工业岸线	港口岸线	城镇建设岸线	亲海岸线	生态保护岸线	其他岸线
河北省	秦皇岛市	14.38	5.73	23.78	—	44.32	5.57	6.22
	沧州市	43.27	—	55.98	—	—	—	0.75
	唐山市	34.15	43.37	7.07	—	8.05	1.05	6.31
天津市	滨海新区	15.67	33.87	28.04	5.90	1.99	—	14.53
山东省	滨州市	25.08	21.03	22.95	—	1.21	23.32	6.41
	东营市	40.04	8.83	5.63	0.65	0.15	44.05	0.65
	潍坊市	5.37	42.60	15.22	—	11.39	8.39	17.03
	烟台市	20.52	8.39	25.51	5.48	27.59	12.02	0.48
	威海市	50.81	1.45	11.47	5.49	24.44	5.57	0.77
	青岛市	32.52	1.14	19.02	6.47	30.48	4.93	5.44
	日照市	13.27	7.55	41.97	6.94	19.76	10.44	0.07

注：“—”表示区域内没有该种海岸线利用类型

（4）城镇建设岸线。相对集中分布于辽宁省和山东省，从北至南依次为丹东市、大连市、烟台市、威海市和青岛市区域。

（5）亲海岸线。主要分布于环渤海地区的大连市、秦皇岛市、烟台市、威海市、青岛市等滨海旅游城市。

（6）生态保护岸线。长度占环渤海区域海岸线总长度的9.5%，多数沿海城市均有分布，黄河三角洲海洋保护区（东营市所辖）和鸭绿江口至大洋河口海域（丹东市所辖）内较为集中。

10.3.4　海岸线综合利用适宜性评价

在海岸线综合利用影响适宜性指标和限制性指标综合评价的基础上，依据海岸线综合利用适宜性类型划分标准，以2015年渤海海岸线为基准，计算出渤海海岸线综合利用适宜性评价结果（图10-11和表10-11）。

依据统计分析结果，环渤海区域的生态保护岸线区、公众亲海岸线区、民生保障岸线区和工业岸线区占比分别为17.70%、19.88%、35.44%和26.98%。从整体空间分布上来看：

（1）生态保护岸线区。环渤海范围内集中分布于大连市、烟台市和东营市三个市，占生态保护岸线区总长度的 50%；另外，在河口和滨海湿地区域多有分布，如辽河口、黄河口等。

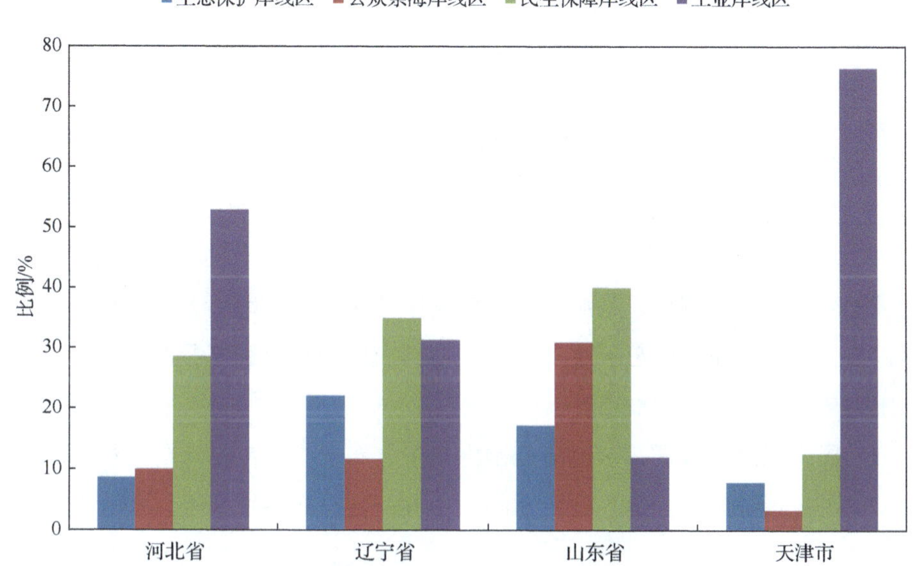

图 10-11　环渤海区域海岸线综合利用适宜性统计图

表 10-11　渤海海岸线综合利用适宜性类型岸线分布　（单位：%）

行政区划名称		生态保护岸线区	公众亲海岸线区	民生保障岸线区	工业岸线区
辽宁省	丹东市	3.24	15.93	23.59	57.24
	大连市	19.79	14.82	41.09	24.30
	营口市	4.69	6.15	35.74	53.42
	盘锦市	46.29	10.52	9.20	33.99
	锦州市	46.35	—	12.50	41.15
	葫芦岛市	24.50	4.30	41.27	29.93
	合计	22.12	11.65	34.94	31.29
河北省	秦皇岛市	13.76	42.21	33.65	10.38
	沧州市	0.46	0.23	16.64	82.67
	唐山市	9.50	0.07	30.85	59.58
	合计	8.63	9.94	28.56	52.87
天津市	滨海新区	7.82	3.27	12.56	76.35

续表

行政区划名称		生态保护岸线区	公众亲海岸线区	民生保障岸线区	工业岸线区
山东省	滨州市	27.76	61.68	10.56	—
	东营市	24.73	19.52	52.95	2.80
	潍坊市	18.28	28.13	48.01	5.58
	烟台市	23.64	21.08	41.78	13.50
	威海市	10.93	47.48	35.76	5.83
	青岛市	13.01	28.28	38.57	20.14
	日照市	5.46	26.59	26.54	41.41
	合计	17.13	30.88	40.00	11.99

注："—"表示区域内没有该种海岸线综合利用适宜性类型

（2）公众亲海岸线区。环渤海范围内集中分布于威海市、大连市和青岛市三个市，占公众亲海岸线区总长度的59%；由其空间分布特征来看，多分布于以旅游休闲娱乐功能为主导的城市。

（3）民生保障岸线区。环渤海范围内集中分布于大连市、烟台市和威海市三个市，占民生保障岸线区总长度的50%；由其海域分布特征来看，多分布于黄海区域。

（4）工业岸线区。环渤海范围内集中分布于大连市、天津市和唐山市三个市，占工业岸线区总长度的48%；由其空间分布特征来看，多分布辽东湾东侧和渤海湾内。

从海岸线综合利用适宜性类型岸线在行政区范围内空间分布来看，辽宁省的生态保护岸线区、山东省的公众亲海岸线区和民生保障岸线区、天津的工业岸线区长度最大。各省内部分布情况如下。

1. 辽宁省

生态保护岸线区、公众亲海岸线区、民生保障岸线区、工业岸线区4种分类的比例约为2∶1∶3∶3。民生保障岸线区在6个沿海城市均有分布，在大连市的瓦房店、庄河，营口的鲅鱼圈以及葫芦岛市的兴城、绥中分布较为集中；工业岸线区在丹东市、营口市、锦州市三市的所占比例较大；生态保护岸线区在6个沿海城市均有分布，主要集中在锦州市和盘锦市；公众亲海岸线区则较为分散地分布于大连市、丹东市、盘锦市等地。

2. 河北省

海岸线综合利用适宜性类型岸线一半以上为工业岸线区，其长度占河北省岸线总长的 52.87%，集中分布于唐山市与沧州市；民生保障岸线区离散分布于河北省的沿海三市，其占比为 28.56%；公众亲海岸线区和生态保护岸线区则以秦皇岛地区为主，其占比均小于 10%。

3. 天津市

海岸线综合利用适宜性类型岸线 75%以上为工业岸线区，其余三种类型的比例较小。

4. 山东省

山东省是环渤海区域大陆海岸线最长的行政区，民生保障岸线区和公众亲海岸线区占主要部分，民生保障岸线区相对集中分布于莱州湾和胶州湾内，公众亲海岸线区与生态保护岸线区空间分布相对一致，主要分布于滨州市、烟台市、威海市、青岛市等地，工业岸线区则较多分布于黄海海域，如青岛市、日照市等地。

10.4 基于适宜性评价的海岸线综合利用发展对策与管理建议

10.4.1 海岸线综合利用发展对策

1. 生态保护岸线区

该岸线区域对海洋生态可持续发展具有重要意义，区域范围内除行政管理、适当旅游服务基础、科研教育等重点规划建设以外，严禁一切海岸线开发利用活动；建立区域生态评估机制，陆海综合分析可能影响区域生态环境的多种因素，制定详细保护措施，并加强区域范围内特别是人类活动区域的生态评估工作，及时发现与防范海岸线生态环境的恶化。

2. 公众亲海岸线区

该区域以自然岸线、清洁海域、开放海域等旅游休闲娱乐区域为本底，其建设发展与生态保护相并重，应以绿色、开放、共享为原则，生态保护优先，适当进行旅游休闲娱乐基础建设，适度引导一些开放式农渔业用海活动集中开发；另外，加强岸线区域的生态绿化、海岸滩涂、海洋环境等保育工程，周边1km范围内禁止重工业用地和用海的入侵。

3. 民生保障岸线区

该区域应通过陆海产业结构调整，促进城镇用地和用海产业结构优化，提高海岸线利用效率；加强传统农渔业用海产业的科技创新，提升其经济产值；通过宏观政策引导，积极推进有益于提高人居环境的海洋开发活动，限制或者杜绝高污染、高破坏生态环境的海洋开发活动，实现海洋开发活动、海洋生态环境以及人居环境的协调发展。

4. 工业岸线区

应促进该区域内具有优势的产业向集群形式发展，与陆域中的产业发展空间形成协调分工合作，并加强配套设施的共享与产业协作；加强海岸线的节约集约利用，推行离岸式、绿色型产业用海发展；建立区域生态环境动态监督机制，防止工业用地和用海低密度、分散式蔓延对生态环境的破坏，维护岸线区域生态健康发展。

10.4.2　海岸线综合利用管理建议

（1）坚持“多规合一”与陆海统筹指导方针，发挥政府宏观调控功能。

充分发挥政府的宏观调控功能，深入实施“多规合一”改革，根据陆地与海洋空间的连接性，以及海洋系统的特殊性，统筹陆海规划、统筹陆海产业布局、统筹陆海资源要素配置、统筹陆海重大基础设施建设、统筹陆海生态环境保护、统筹近岸开发和深远海空间拓展等。

（2）促进生态文明与经济文明和谐发展，协调开发与保护的关系。

坚持以人为本、保障和改善民生的指导原则，统筹考虑与协调海域的区位、自然资源和自然环境等自然属性，综合评价海域开发利用的适宜性和海洋资源环境承载能力，科学确定海域的基本功能；切实加强海洋环境保护和生态建设，统筹考虑海洋环境保护与陆源污染防治，控制污染物排海，改善海洋生态环境，防范海洋环境突发事件，维护河口、海湾、海岛、滨海湿地等海洋生态系统安全。

（3）发挥优势用海产业，调整海洋产业利用岸线格局。

加快对养殖、盐业等传统产业的优化与调整，利用沿海土地资源和生态环境优势，积极发展高效、生态、外向型现代农业，支持集约化海水养殖和海洋牧场建设，提高渔业用海发展水平，促进现代化渔业进步；大力发展以港口、物流、新能源、生态化工为特色的海洋新兴产业，集约利用海岸线资源，提高科技含量；坚持在保护中开发，在开发中保护，积极创新开发模式，大力发展循环经济。

（4）坚持节约集约利用，优化岸线综合利用空间布局。

坚持岸线资源节约集约利用，统筹安排各行业用海，合理控制各类建设用海规模，支持海洋新兴产业用海，保证生产、生活和生态用海，引导海洋产业优化布局，节约集约用海。

（5）加强自然保护区管护，生态修复维持生物岸线资源。

加强对红树林、珊瑚礁等自然保护区的管控，采取生态恢复的手段，遵照自然规律，创造良好的生态环境，恢复天然的生态系统，重新创造、引导或加速自然演化过程；对于破坏严重的生物岸线，在周边区域建立保护区及划定生态红线，通过生物移植、人工造礁、底质稳固、幼体附着等方式，修复和维持重要生物岸线资源。

参 考 文 献

[1] 李国胜.《浙江省海岸带土地资源开发与综合管理研究》评述[J]. 地理学报, 2015, 70(4): 512.

[2] 国家海洋局. 中国海洋统计年鉴 2011[M]. 北京: 海洋出版社, 2011: 31.

[3] 刘百桥, 孟伟庆, 赵建华, 等. 中国大陆 1990～2013 年海岸线资源开发利用特征变化[J]. 自然资源学报, 2015, 30(12): 2033-2044.

[4] 侯志华. GIS 技术支持下的海岸带遥感动态监测分析[D]. 济南: 山东师范大学, 2006.

[5] 张云. 大连市人居环境安全空间分异研究[J]. 科技创新导报, 2009(26): 121-122.

[6] 杨俊, 李雪铭, 李永化, 等. 基于 DPSIRM 模型的社区人居环境安全空间分异——以大连市为例[J]. 地理研究, 2012, 31(1): 135-143.

[7] 杨国桢. 海洋世纪与海洋史学[J]. 东南学术, 2004(S1): 289-292.

[8] 陈赟, 陈英. 论“多规合一”的难点及解决途径[J]. 工程技术(全文版), 2017, 4(1): 305.

[9] 黄勇, 周世锋, 王琳, 等. “多规合一”的基本理念与技术方法探索[J]. 规划师, 2016, 3(32): 82-88.

[10] 国家海洋局. 中国海洋发展报告(2011)[M]. 北京: 海洋出版社, 2011: 21-26.

[11] 黄宗国. 海洋河口湿地生物多样性[M]. 北京：海洋出版社, 2004.

[12] 国家海洋局. 2012 年中国海洋灾害公报[R]. 北京: 国家海洋局, 2013.

[13] 高杰. 上海市黄浦区“十二五”人口发展规划[R]. 上海: 上海市黄浦区人民政府, 2011.

[14] 张同升, 梁进社. 中国城市化水平测定研究综述[J]. 城市发展研究, 2002(2): 36-41.

[15] 鹿守本, 艾万铸. 海岸带综合管理体制和运行机制研究[M]. 北京: 海洋出版社, 2014.

[16] 国家海洋局. 2011 年中国海洋环境状况公报[R]. 北京: 国家海洋局, 2012.

[17] 国家海洋局. 2012 年中国海平面公报[R]. 北京: 国家海洋局, 2013.

[18] 徐明, 马德超. 长江流域气候变化脆弱性与适应性研究[M]. 北京: 中国水利水电出版社, 2009: 78-85.

[19] 张立奎. 渤海湾海岸带环境演变及控制因素研究[D]. 青岛: 中国海洋大学, 2012.

[20] 苏东甫, 王桂全. 我国海砂资源开发现状与管理对策探讨[J]. 海洋开发与管理, 2010(4): 64-67.

[21] 张乔民. 我国热带生物海岸的现状及生态系统的修复与重建[J]. 海洋与湖沼, 2001, 32(4): 454-464.

[22] 黄文丹, 陈文惠, 郑祥民, 等. 福建省红树林分布时空变化与驱动因素分析[J]. 环境科学与技术, 2010, 33(12): 164-170.

[23] 舒廷飞, 罗琳, 温琰茂. 海水养殖对近岸生态环境的影响[J]. 环境科学与技术, 2002, 21(2): 74-79.

[24] 张忠华, 胡刚, 梁士楚. 我国红树林的分布现状、保护及生态价值[J]. 生物学通报, 2006 , 41(4): 9-11.

[25] 黄丽华. 南中国海珊瑚礁生态保护与管理[J]. 琼州学院学报, 2011, 18(5): 106-112.

[26] 兰竹虹, 陈桂珠. 南中国海地区珊瑚礁资源的破坏现状及保护对策[J]. 生态环境, 2006, 15(2): 430-434.

[27] 楼东, 刘亚军, 朱兵见. 浙江海岸线的时空变动特征、功能分类及治理措施[J]. 海洋开发与管理, 2012(3): 11-16.

[28] 陈洪全. 海岸线资源评价与保护利用研究——以盐城市为例[J]. 生态经济, 2010(1): 174-177.

[29] 贾建军, 夏小明, 汪亚平. 美国岸线现状调查 30 年进展综述——以美国弗吉尼亚州为例[J]. 海洋学研究, 2008, 26(2): 53-58.

[30] 吴岩松, 蔡勤禹. 我国政府应对突发性海洋灾害对策研究[J]. 海南税务高等专科学校学报, 2013, 26(1): 27-31.

[31] 胡小颖, 周兴华, 刘峰, 等. 关于围填海造地引发环境问题的研究及其管理对策的探讨[J]. 海洋开发与管理, 2009, 26(10): 80-86.

[32] 马军. 大连围填海工程对周边海洋环境影响研究——以小窑湾创智区填海工程为例[D]. 大连: 大连海事大学, 2012.

[33] 刘霜, 张继民, 刘娜娜, 等. 填海造陆用海项目的海洋生态补偿模式初探[J]. 海洋开发与管理, 2009, 26(9): 27-29.

[34] 姜欢欢, 温国义, 周艳荣, 等. 我国海洋生态修复现状、存在的问题及展望[J]. 海洋开发与管理, 2013(1): 35-38.

[35] Zhang Y, Li X M, Zhang J L, et al. A study on coastline extraction and its trend based on remote sensing image date mining[J]. Abstract and Applied Analysis, Volume 2013, Article ID 693194. [2018-09-11] http://dx.doi.org/10.1155/2013/693194.

[36] 国家海洋局. 关于印发《海域使用分类体系》和《海籍调查规范》的通知[Z], 2008.

[37] 王长海, 邱桔斐, 丁红. 海域使用中有关海岸线的问题探讨[J]. 海洋开发与管理, 2009(4): 51-56.

[38] 许宁. 中国大陆海岸线及海岸工程时空变化研究[D]. 烟台: 中国科学院烟台海岸带研究所, 2016.

[39] 王颖. 中国区域海洋学: 海洋地貌学[M]. 北京: 海洋出版社, 2012: 281.

[40] 林桂兰, 郑勇玲. 海岸线修测的若干技术问题探讨[J]. 海洋开发与管理, 2008(7): 61-67.

[41] 索安宁, 曹可, 马红伟, 等. 海岸线分类体系探讨[J]. 地理科学, 2015(7): 933-937.

[42] Muslim A M, Foody G M. Dem and bathymetry estimation for mapping a tide-coordinated shoreline from fine spatial resolution satellite sensor imagery[J]. International Journal of Remote Sensing, 2008, 29(15): 4515-4536.

[43] 国家海洋局. 海域使用分类: HY/T 123—2009[S]. 北京: 标准出版社, 2009.

[44] 刘百桥, 赵建华. 海域使用遥感分类体系设计研究[J]. 海洋开发与管理, 2014(6): 20-24.

[45] 范晓婷. 我国海岸线现状及保护建议[J]. 地质调查与研究, 2008, 31(1): 28-32.

[46] 陈正华, 毛志华, 陈建裕. 利用 4 期卫星资料监测 1986~2009 年浙江省大陆海岸线变迁[J]. 遥感技术与应用, 2011(1): 68-73.

[47] 韩晓庆. 河北省近百年海岸线演变研究[D]. 青岛: 中国海洋大学, 2008.

[48] 中国科学院《中国自然地理》编委会. 中国自然地理•地表水[M]. 北京: 科学出版社, 1981: 19-20.

[49] 胡世雄, 齐晶. 海河流域入海河口萎缩及其对洪灾的影响[J]. 海河水利, 2000(1): 11-13.

[50] 侯晓梅, 唐远华. 新中国海洋开发政策的历史考察[J]. 浙江海洋学院学报(人文科学版), 2011, 28(1): 1-6.

[51] 中国海湾志编纂委员会. 中国海湾志[M]. 北京: 海洋出版社, 1991.

[52] 关道明. 开展海域海岸带整治修复 打造万里黄金海岸[N]. 中国海洋报, 2012-07-16(003).

[53] Mandelbrot B B. How long is the coast of Britain? Statistical self-similarity and fractional dimension[J]. Science, 1967, 156(3775): 636-638.

[54] Philips J D. Spatial analysis of shoreline erosion, Delaware Bay, New Jersey[J]. Annals of the Association of American Geographers, 1986, 76(1): 50-62.

[55] Paar V, Cvitan M, Ocelic N, et al. Fractal dimension of coastline of the Croatian island Cres[J]. Acta-Geographica-Croatica, 1997, 32: 21-34.

[56] Jiang J W, Plotnick R E. Fractal analysis of the complexity of United States coastlines[J]. Mathematical Geology, 1998, 30(5): 535-546.

[57] Cheng Y C, Lee P J, Lee T Y. Self-similarity dimensions of the Taiwan island landscape[J]. Computers and Geosciences, 1999, 25(9): 1043-1050.

[58] Zhu X H, Yang X C, Xie W J, et al. On spatial fractal character of coastline—A case study of Jiangsu Province, China[J]. China Ocean Engineering, 2000, 14(4): 533-540.

[59] 国家海洋局. 2008 年中国海洋环境质量公报[R]. 北京: 国家海洋局, 2009.

[60] 国家海洋局. 2012 年海域使用管理公报[R]. 北京: 国家海洋局, 2013.

[61] 吕京福, 印萍, 边淑华, 等. 海岸线变化速率计算方法及影响要素分析[J]. 海洋科学进展, 2003, 21(1): 52-53.

[62] 邓聚龙. 灰色系统理论教程[M]. 武汉: 华中理工大学出版社, 1990: 188-222.

[63] 徐建华. 地理建模方法[M]. 北京: 科学出版社, 2010: 214-226.

[64] 常军. 基于 RS 和 GIS 的黄河三角洲海岸线动态变化监测与模拟预测研究[D]. 济南: 山东师范大学, 2001.

[65] 郧万江, 张连富, 卢伟. 用 Excel 建立灰色数列预测模型的研究[J]. 佳木斯大学学报(自然科学版), 2005, 23(3): 378-380.

[66] 李保磊, 赵玉慧, 杨琨, 等. 渤海海洋环境状况及保护建议[J]. 海洋开发与管理, 2016(10): 59-62.

[67] Yang R, Liu Y S, Long H L, et al. Spatio-temporal characteristics of rural settlements and land use in the Bohai Rim of China[J]. Journal of Geographical Sciences, 2015, 25(5): 559-572.
[68] 刘向阳. 基于遥感水边线的环渤海地区潮滩研究[D]. 北京: 中国科学院大学, 2016.
[69] 罗丹, 刘浩. 渤海潮汐潮流的数值研究[J]. 上海海洋大学学报, 2015, 24(3): 457-464.
[70] 王润梅. 环渤海主要入海河流有机磷酸酯阻燃剂的初步研究[D]. 北京: 中国科学院大学, 2015.
[71] 张云, 李雪铭, 张建丽, 等. 渤海海域重点产业围填海发展结构与模式研究[J]. 海洋开发与管理, 2013(11): 1-4.
[72] 中国石油吐哈油田分公司. 中国海洋石油资源分布概况[J]. 吐哈油气, 2012, 17(4): 397.
[73] 李应济, 张本. 海洋开发与和管理读本[M]. 北京: 海洋出版社, 2007: 252-253.